沈阳市环保产业发展规划研究

苗永刚 ◎ 著

企业管理出版社
ENTERPRISE MANAGEMENT PUBLISHING HOUSE

图书在版编目（CIP）数据

沈阳市环保产业发展规划研究 / 苗永刚著 . —北京：企业管理出版社，2019.11

ISBN 978-7-5164-2041-6

I.①沈⋯　Ⅱ.①苗⋯　Ⅲ.①环保产业 – 产业发展 – 研究 – 沈阳　Ⅳ.① X324.231.1

中国版本图书馆 CIP 数据核字（2019）第 226984 号

书　　　名：沈阳市环保产业发展规划研究

作　　　者：苗永刚

责任编辑：侯春霞

书　　　号：ISBN 978-7-5164-2041-6

出版发行：企业管理出版社

地　　　址：北京市海淀区紫竹院南路 17 号　　邮编：100048

网　　　址：http://www.emph.cn

电　　　话：编辑部（010）68420309　发行部（010）68701816

电子信箱：zhaoxql3@163.com

印　　　刷：北京虎彩文化传播有限公司

经　　　销：新华书店

规　　　格：170 毫米 × 240 毫米　　16 开本　　10.5 印张　　169 千字

版　　　次：2019 年 12 月第 1 版　2019 年 12 月第 1 次印刷

定　　　价：58.00 元

本书为"沈阳市环保产业规划研究"项目（项目编号：CG16-00-0708）研究成果。

项目组成员（排名不分先后）

苗永刚　赵玉强　张丽君　荆　勇　曹小磊　王泳璇　王　雪

张丽娜　侯景艳　于晓东

目　录

1
引言

　　人类赖以生存、社会得以发展的基本前提是环境，环境为人类社会提供了必需的资源和条件。随着科技的发展，社会生产力得到了突飞猛进的发展，人口急剧增加，创造出了巨大的物质、精神财富。但随着人类向自然界索取的资源越来越多，相应产生的对环境的干预也越来越多，环境问题所展现出来的严重性日益凸显。全球气候变暖、臭氧层的破坏和损耗、土地荒漠化、酸雨污染、水资源危机、生物多样性锐减、森林植被破坏、海洋资源的破坏和污染等，无一不给人类敲响了地球生态环境日益恶化的警钟。

　　环境破坏及污染是目前沈阳市比较严重的两大环境问题。由于人口基数庞大，能源结构不合理，自然资源消耗量极大，加之工业化进程逐步加快，沈阳市的资源和环境压力超乎寻常。经过多年的努力，虽然沈阳市环境污染治理工作取得了一定的成绩，但目前的环境治理措施还远远不能满足环境保护的需要。

同时，面对世界经济复苏弱于预期和国内经济下行压力加大的双重困难局面，辽宁省乃至东北区域的经济增速呈现不断减缓的态势，下行压力持续增强，艰难险阻明显增多，辽宁省稳增长、促改革、调结构、惠民生、防风险各项任务十分繁重。当前区域经济运行的基本特征可以概括为"下行放缓、缓中趋稳、稳中有难、难中有险"。

作为辽宁省中部城市群核心的沈阳市，2015年国民经济和社会发展依然面对着严峻复杂的国内外环境和持续加大的经济下行压力。经核算，沈阳市2015年地区生产总值（GDP）为7272.3亿元，按可比价计算，比上年增长3.5%，增速低于全国平均水平。全年一般公共预算收入为606.2亿元，比上年下降22.8%，其中各项税收为492.4亿元，比上年下降19.3%。因此，调整产业结构，拉动经济快速增长，需要新办法、新出路。

沈阳市作为东北老工业基地的核心区域，其环保产业的快速发展对于该地区的环境治理以及经济的快速发展都有着尤为重要的现实意义。沈阳市由于独特的地理位置及其历史原因，环保产业的发展起步相对较晚，环保产业市场机制并不完善，环保法律执行力度不强，技术水平、生产规模等还不能适应经济发展及环境质量改善、生态建设的需要，与国内外环保产业的发展水平相比差距甚远。鉴于当今对环境治理与改善的迫切要求，有必要结合沈阳市环保产业的发展现状及发达国家环保产业的发展模式，对区域环保产业进行系统的研究，明确沈阳市环保产业发展的内外部环境及存在的问题，并基于政府规制角度提出促进沈阳市环保产业正规、健康发展的推动模式和政策走向，为政府决策提供依据，进而带动其他相关产业的发展。

本书以政府规制理论为基础，分析沈阳市环保产业发展现状；结合当前政府规制下沈阳市环保产业发展中存在的问题，从可持续发展和生态经济的角度出发，借助区域经济理论和产业竞争力理论等前沿理论，对影响环保产业竞争力的因素进行评价；在此基础上，研究提升沈阳市环保产业竞争力的对策和建议，重点研究政府规制对沈阳市环保产业竞争活力的刺激、激励作用，力求促进环保产业健康快速发展。

环保产业在发展过程中，除了资金、技术、劳动力等内部产业驱动因素发挥着巨大的作用外，政府规制这一外部产业驱动因素也有着不可忽视的重要作用。基于此，本书以政府规制为核心，研究沈阳市环保产业竞争力提升的对策，对沈阳市和其他地区而言都具有较强的理论和实践意义。

2

环保产业概念及发展背景

2.1 环保产业的定义、内容和特点

2.1.1 环保产业的定义

环保产业是一个与其他经济部门相互交叉、相互渗透的综合性新兴产业。环保产业在国际上的定义分为广义和狭义两种。狭义的环保产业是指末端处理，即在环境污染控制、污染治理及废物处理等方面提供设备、技术信息服务的产业；广义的环保产业既包括环境末端治理设备、服务制造业，也包括

清洁生产技术和产品制造业。

按照目前的发展形势来看，国际上更加认可广义环保产业的定义。国务院环境保护委员会 1990 年公布的《关于积极发展环境保护产业的若干意见》对环保产业的界定为："环境保护产业是国民经济结构中以防治环境污染、改善生态环境、保护自然资源为目的所进行的技术开发、产品生产、商业流通、资源利用、信息服务、工程承包等活动的总称，主要包括环境保护机械设备制造、自然保护开发经营、环境工程建设、环境保护服务等方面。环境保护产业是保护和改善环境、防治污染和其他公害的物质和技术基础。"之后，原国家环境保护局对其定义进行了补充，认为环保产业不仅是满足人们的环境需求，为人类社会提供产品和服务支持的产业，还包括提供产品、技术服务支持。由此可见，我国的环保产业基本与国际上提出的广义环保产业概念一致，包括污染物管理防治、资源可持续管理及生态保护建设。

环境保护是指人类为解决现实或潜在的环境问题，协调人类与环境的关系，保护人类生存环境、保障经济社会可持续发展而采取的各种行动的总称。其方法和手段有工程技术的、行政管理的，也有法律的、经济的、宣传教育的等。环保产业是一个跨产业、跨领域、跨地域，与其他经济部门相互交叉、相互渗透的综合性新兴产业。因此，有专家提出应将其列为继"知识产业"之后的"第五产业"。

2.1.2 环保产业的内容

环保产业涉及的内容包括以下四个方面。

2.1.2.1 环保产品及装备制造——重点突出污染的监测与治理

环保产品及装备包括用于环境防治、生态环境保护的产品、装备及材料、药剂、仪器仪表等。重点是污水污泥处理产品与装备、大气污染控制产品与装备、危险废物及土壤污染治理产品及装备、监测设备、污染治理材料及药剂等。

环保产品及装备制造是环保产业的核心组成部分，以满足污染物减排和保护生态环境的需要为目标，重点关注生产链的中端，通过物理、化学或生物技术，实施对环境破坏的控制和治理。环保装备技术的发展方向是向深度化、尖端化发展，产品的发展方向是向标准化、成套化、系列化发展。

2.1.2.2　环境友好产品生产——重点突出节能减排

环境友好产品是可以减少资源能源消耗、降低环境污染的环境无害化或低公害产品，包括节能设备、节水设备、洁净生产技术及装备、高效能源开发与节能技术装备、无污染建筑材料、可降解材料、低排放车辆、绿色有机食品等。例如，经中国环保产业协会认定的环境友好产品、中国环境科学学会认定的环境友好产品。

2.1.2.3　资源循环利用产品生产——重点突出废物综合回收利用

资源循环利用产品是指对废物进行资源化回收、加工处理而生产的各种产品，重点是固体废物资源化利用与安全处置，生活垃圾、危险废物、废旧电器电子产品、重金属、污染土等回收利用及安全处置。例如，已列入《资源综合利用目录》的产品、符合国家发展和改革委员会等六部门联合下发的《中国资源综合利用技术政策大纲》（2010年第14号公告）相关要求的产品。

2.1.2.4　环境保护服务提供——重点突出环境保护领域的生产性服务

环保服务业包括污染治理及环境保护设施运营、环境工程建设、环境技术研究、开发转移。主要为各类环保产品生产、应用提供服务，是战略性新兴产业、现代服务业和环保产业的重要组成部分，涵盖污染治理服务、环保工程咨询设计及施工服务、环保技术研发与推广服务、环境影响评价服务、清洁生产审计、环境教育培训、环境监理、环境监测与污染监测、环境投融资及环境保险等。环保服务业占环保产业的比重是衡量地区环保产业发展水平的重要标准。

环保服务业强调环境资源功能效用开发，不仅能够直接为生态环境保护和环境污染防治提供资金、技术、市场、人才等方面的支持，而且可以带动环保装备和环保产品制造业的发展，促进环保产业整体发展水平的提高。

2.1.3 环保产业的特点

2.1.3.1 环保产业存在外部经济性

环保产业具有正向的外部经济效应。所有环保产品的设计必须要有利于整治污染、改善环境，符合国家环保规范，与此同时产生环境效益、经济效益和社会效益，反映建设生态文明的发展理念。总体来说，环保产业是正向的、积极的，既保护了人类的生存环境，也为人类的可持续发展做出了巨大贡献。

2.1.3.2 环保产业关联性强

环境系统的复杂性决定了环保产业具有广泛的关联性。因此，环保产业可以充分利用自己的发展带动其他相关产业的快速发展，从而深入环境系统内部的每一个角落。

2.1.3.3 环保产业是政策引导型产业

环保产业的外部性和公益性决定了其发展必须有政府的调控和干预，因此环保产业对国家政策有很强的依赖性，需要通过环境政策和法律法规来规范企业行为，并通过监督管理上的加强、执法上的严格，促使企业使用健康、绿色的环保设施来防治污染。在一定程度上，环保产业需要政府完善的政策驱动和必要的财政投入。我国的环境政策对政府管制发挥的作用一直高度重视，各项环境管理制度一般由政府直接操作，并通过政府体制来实施。

2.1.3.4 环保产业技术密度大

由于环保产业专业性强，新产品、新技术的研发与生产都需要以专业化人员、专业化技术作为支撑，所以，环保产业技术密集度较高。环保产业作为新兴产业，其新产品必须面对市场化需求，因此，人员素质提升、市场重建、供应链重新打造的技术效应明显。环保产业只有获得技术资源的投入，才能持续快速发展。

2.2 环保产业发展背景

2.2.1 新型城镇化建设

城镇化是社会发展的必然趋势，是世界各国发展的自然过程，也是现代化的重要标志。随着经济社会建设步伐的不断加快，沈阳市城镇化的发展产生了巨大的变化。

2.2.1.1 城镇化进程明显加快

随着经济社会的高速发展，沈阳市城镇化的进程明显加快。截至 2015 年末，沈阳市常住人口为 829 万人，比 2000 年的 720 万人多 109.1 万人，增长 15%；中心城区面积为 1460 平方千米，比 2000 年的 1150 平方千米多 310 平方千米，增长 27%；城镇化率为 80.4%，比 2000 年的 70.3% 提高了 10.1 个百分点。

2.2.1.2 经济快速发展，综合经济实力进一步增强

国家实施振兴东北老工业基地战略以来，沈阳市经济实现了快速增长。2015 年沈阳市国民生产总值为 7272.3 亿元，是 2000 年 1067.0 亿元的 6.8 倍，年均增长速度为 14.5%；人均 GDP 为 87734 元，是 2000 年人均 GDP15666 元的 5.6 倍，年均增长速度为 12.9%。

2.2.1.3 公共服务体系愈加健全，基本公共服务均等化水平稳步提高

随着沈阳市不断加大公共文化建设投入，公共服务体系愈加健全，基本公共服务均等化水平得到稳步提高。具体表现为：覆盖城乡的公共文化服务设施网络基本建立，公共文化服务效能明显提高，人民群众精神文化生活不断改善。例如，2014 年城镇基本养老保险参保人数为 370.6 万人，比 2001 年的 201 万人增加 169.6 万人。

2.2.1.4 生态环境质量总体改善，节能降耗取得进展

在发展经济的同时，沈阳市大规模推进生态环境建设，在提升空气质

量、治理污水等方面取得了很大进步。2014 年沈阳市建成区绿化覆盖面积为
41.8%，比 2000 年的 23.9% 提高了 17.9 个百分点。2014 年城市污水处理率为
95.0%，比 2003 年的 70.4% 提高了 24.6 个百分点。近年来，沈阳市在改善生
态环境的同时，在节能降耗方面也取得了显著成效，2014 年沈阳市万元 GDP
综合能耗比 2010 年下降 16.62%。

可以看到，沈阳市在社会经济快速发展的同时，城镇化趋势越来越明
显，城市生态环境压力越来越大。因此，在促进环保产业快速发展的同
时，沈阳市应大力推进工业集聚发展与合理布局，通过整合重点产业链打
造特色产业园区，壮大优势产业集群，构建优势环保产业发展带，以促
进环保产业的发展，降低城镇化对资源环境的压力，支撑新型城镇化的
发展。

2.2.2 经济新常态

沈阳市作为东北老工业基地的核心区域，在中国经济社会发展过程中曾
做出巨大贡献。但近年来，由于受到"三期叠加"和长期发展中积累的体制
弊端等因素影响，沈阳市经济增速放缓，下行压力加大，产业结构调整问题
日趋紧迫。

从全省来看，2015 年以来，辽宁省经济增长速度相比 2014 年继续下滑，
与全国的差距拉大至 4 个百分点，经济增速放缓态势明显。但是各季度累计
增速呈逐季小幅回升态势，增速同比回落幅度逐季收窄，与全国同期差距逐
季缩小，经济增速趋稳态势初现。

2015 年，沈阳市地区生产总值（GDP）为 7272.3 亿元，按可比价计算，
比上年增长 3.5%。其中，第一产业增加值为 341.4 亿元，比上年增长 3.5%；
第二产业增加值为 3499 亿元，比上年增长 0.9%；第三产业增加值为 3440.1
亿元，比上年增长 6.3%。第一产业增加值占 GDP 的比重为 4.7%，第二产业
增加值占 GDP 的比重为 48.1%，第三产业增加值占 GDP 的比重为 47.2%。按
常住人口计算，人均 GDP 为 87734 元，比上年增长 3.2%。

面对严峻复杂的国内外发展环境，沈阳市经济趋稳动力和下行压力相持，新动力成长和传统动力减弱对冲，影响经济运行的不确定和不稳定因素增多，沈阳市经济运行正面临诸多难处，如工业生产衰退、企业经营困难重重、投资增长难以为继、房地产市场形势严峻、贸易形势继续恶化、进出口低迷态势难以扭转、财政收入颓势难改、收支矛盾不断加剧、改革效应的释放还需时日、软环境建设还需加强等。

沈阳市经济发展面临一系列严峻复杂的问题，尤其是经济下滑过程中暴露出的风险较多。从目前来看，虽然经济风险总体可控，但局部风险增多。例如，通缩风险苗头已经显现，尤其是金融风险、财政风险以及社会风险等相互交织转化，复杂性和严重程度有可能超出预期，需要特别关注和警惕。

2.2.2.1 "三期叠加"特征

一是指沈阳市社会经济的增长速度进入换挡期。这是由经济发展客观规律决定的。随着经济的发展，经济规模总量持续增长，但当基数较大时，增速会自然下降。另外，国际金融危机的外来影响和经济结构不合理也导致经济增长速度下降。

二是指结构调整导致了社会经济发展增速降低，这是加快经济发展方式转变的主动选择。当前，沈阳市经济发展与资源环境的矛盾日趋尖锐，加快转变经济发展方式和调整经济结构刻不容缓。化解过剩产能，优化产业结构，就意味着会对经济和社会发展造成一定影响。

三是指区域经济对前期刺激政策的消化。产能过剩、地方债务扩张等是社会经济发展多年来积累的深层次矛盾，因此社会经济发展必然要经历调整阶段。

2.2.2.2 经济新常态的内涵及影响

随着经济发展速度从高速增长转为中高速增长，经济结构不断优化升级，增长动力从要素驱动、投资驱动转向创新驱动，沈阳市经济发展步入新常态。

经济新常态意味着当前面临的形势是前所未有的，是新时期、新形势下经济周期和内在经济结构集中体现出来的结果，且这一状态还要持续较长一段时期。

沈阳市已经步入了经济新常态，可从以下几个方面体现出来：第一，消费需求的转变；第二，投资需求的转变；第三，出口的转变；第四，生产能力与产业组织方式的转变；第五，生产要素的转变；第六，资源配置方式的转变。因此，社会经济高速发展已经难以为继，资源配置的主体、环保产业发展的驱动力从政府逐渐转向市场。

2.2.3 社会生态文明建设

环保产业的发展是环境质量改善与提高、生态文明建设的科技基础，也是沈阳市生态文明建设的有力支持。所谓生态文明建设，即将人与自然和谐相处的理念融入人类的社会结构中，融入人类的生产方式、生活方式及文化价值观中。发展生态文明，就是建设与自然界良性互动的资源节约型、环境友好型社会，即将生态文明作为人类文明的新形态，贯穿于经济建设、政治建设、文化建设、社会建设的各个方面。

生态文明与经济社会发展的关系，实质上是生态文明与物质文明、精神文明、政治文明之间的关系。社会的进步，离不开经济、政治、文化的发展，经济社会的发展过程亦是人们不断改造客观世界和主观世界的实践活动过程。在该过程中，人类在物质、制度、精神层面所形成的诸多有益成果，抽象成为人类社会的物质文明、政治文明及精神文明，且这三种文明共同构成了人类社会文明的基本结构。然而，无论是物质生产方式和物质生活的进步、社会政治制度和政治生活的进步，还是科学文化和思想观念的进步，均离不开环境介质及其所提供的自然资源和能源。没有生态文明，人类社会不可能有持续繁荣的物质文明、政治文明和精神文明。换言之，没有良好的生态环境，没有生态安全，人类无法实现高层次的物质享受、政治享受及精神享受，人类的生存和发展甚至都会面临严峻的危机。

环境是一切发展的前提和基础，无论是经济发展还是社会发展，都需以生态环境为载体。当前，经济发展与人口资源的矛盾仍在加深，环境损害更是对社会各主体的环境权益造成了严重损害。一方面，社会经济的工业化发展所带来的资源消耗及污染破坏会制约生态文明的发展；另一方面，工业化发展所增加的技术研发投入有利于控制环境损害。因此，应正确处理生态文明建设与经济社会发展的关系，加大环境修复力度，完善环境管理制度，促进环保产业发展。环保产业的发展不仅能够有效改善环境质量，而且能够通过资源循环利用、环境友好产品生产以及环境服务业的发展，调整经济结构，创造经济价值，进而拉动社会经济的发展。

2.2.4 环境改善三大战役

目前，我国环境形势十分严峻，环境质量水平严重影响群众健康，部分重大的环境问题尚未解决，环境质量改善速度与公众预期存在差距。改善环境质量，是提升群众生活质量的迫切要求，是增进人民福祉的重要体现。而要改善环境质量，就要打好大气、水、土壤污染防治三大战役，以解决突出的环境问题为主攻方向。

应坚持源头严防、过程严管、后果严惩，用强硬的政策措施和法律强化污染防治，贯彻落实《大气污染防治行动计划》，积极实施《水污染防治行动计划》和《土壤污染防治行动计划》，着力解决损害人民群众健康的突出环境问题，逐步改善环境质量。

2.2.4.1 大气污染防治战役

随着中国工业化、城镇化的深入推进，能源资源消耗持续增加，大气污染防治压力继续加大。近年来，我国多地连续出现大范围雾霾天气，严重影响人民群众身体健康和正常生活。因此，大气环境保护事关人民群众根本利益，事关经济持续健康发展，事关全面建成小康社会。

大气污染问题是长期积累形成的，因而治理好大气污染是一项复杂的系统工程，需要付出长期的艰苦不懈的努力。2013年9月12日，国务院发布了《大气污染防治行动计划》。该计划的发布体现了我国政府科学严谨、实事求是、对人民群众高度负责的态度和着力改善环境、保障公众健康权益的坚定决心。这个行动计划涉及燃煤、工业、机动车、重污染预警等十条措施，还设定了具体的治理指标，即到 2017 年全国地级及以上城市可吸入颗粒物浓度比 2012 年下降 10% 以上，优良天数逐年提高，京津冀、长三角、珠三角等区域细颗粒物浓度分别下降 25%、20% 和 15% 左右，其中北京市细颗粒物年均浓度控制在 60 微克 / 立方米左右。

2.2.4.2　水污染防治战役

水是生命之源，良好洁净的水是人民群众身体健康的基本保障，是经济社会持续发展的重要基础，也是全面建成小康社会和建设美丽中国的基本条件。随着城镇化、工业化发展以及人口数量不断膨胀，我国面临着十分严峻的水污染形势。当前，我国水污染防治虽然取得了一定进展，但是一些水体丧失了环境功能，部分地区群众饮水安全受到严重威胁，水环境问题仍然十分突出，水污染防治压力持续加大。

2015 年 4 月 2 日，国务院发布了《水污染防治行动计划》，主要思路是"抓两头、带中间"。水污染防治坚持预防为主、防治结合、综合治理的原则，优先保护饮用水水源，严格控制工业污染、城镇生活污染，防治农业面源污染，积极推进生态治理工程建设，预防、控制和减少水环境污染和生态破坏。

水污染防治战役需要结合水质改善要求及产业发展情况，调整产业结构，严格环境准入，推进循环发展，促进再生水利用。应规范环保产业市场，对涉及环保市场准入、经营行为规范的法规、规章和规定进行全面梳理，确保水污染防治产品市场的公平、合法竞争；健全环保工程设计、建设、运营等领域的招投标管理办法和技术标准，逐步推进先进适用的节水、治污、修复技术和装备向产业化发展；加快发展环保服务业，明确监管部门、排污企业和环保服务公司的责任和义务，推进以污水、垃圾处理和工业园区为重点的环境污染第三方治理行业发展，从而有效解决水体污染问题。

2.2.4.3 土壤污染防治战役

我国是全球土壤污染最严重的国家之一。据不完全调查，中国受污染的耕地约有 1.5 亿亩，占 18 亿亩耕地的 8.3%。土壤是人类生存、兴国安邦的战略资源。随着工业化、城市化、农业集约化的快速发展，大量未经处理的废物向土壤系统转移，并在自然因素的作用下汇集、残留于土壤环境中，对我国生态环境质量、食品安全和社会经济持续发展构成严重威胁。

2014 年统计数据显示，我国耕地面积不足全世界的一成，却使用了全世界近 40% 的化肥；我国单位面积的农药使用量是世界平均水平的 2.5 倍；全国受污染的耕地大部分为重金属污染。

2014 年，原环境保护部和原国土资源部联合公布了《全国土壤污染状况调查公报》。调查显示，全国土壤总的点位超标率为 16.1%，其中耕地污染最为严重，点位超标率为 19.4%，耕地污染面积达 1.5 亿亩。

2016 年 5 月 28 日，国务院发布了《土壤污染防治行动计划》（简称"土十条"）。该计划提出，要依法推进土壤环境保护，实施农用地分级管理和建设用地分类管控，开展土壤修复工程，以土壤环境质量优化空间布局和产业结构，提升科技支撑能力和产业化水平，建立健全管理体制机制，发挥市场机制的作用。

"土十条"的落地使土壤污染防治进入法律和政策驱动阶段，而环保产业的发展能够在一定程度上解决科研与土壤污染防治市场需求不匹配的问题，并且能够快速配置资源，解决研发投入和配套支撑不足等问题。

当前，环境问题日趋多元化、复杂化，常规污染问题尚未彻底解决，新的污染问题又不断出现。只有抓住最主要的矛盾，促进环保产业的发展，解决最突出的环境问题，改善环境质量的效果才能及时显现，人民群众的获得感才能得以提升。

大气、水、土壤污染是影响我国环境质量的突出问题，大气、水、土壤污染防治三大战场就是当前环保工作的主战场。环保产业的发展应紧紧围绕三大污染防治战略部署，牢牢把握主攻方向，集中优势资源，促进环保产业健康持续快速发展，从而打好改善环境质量的攻坚战。

2.2.5 "十三五"环境新挑战

"十三五"是国家全面建成小康社会的攻坚时期，也是经济发展、国际形势发生重大转变的关键时期。这一时期，经济社会发展在迈入新常态的同时，环境保护也将面临诸多挑战和重大机遇。如何处理好社会、经济和环境的关系，在重点解决突出环境问题的同时，着力推进环境管控转型升级，推动社会各界达成环境共识，成为沈阳市"十三五"期间环境保护与生态建设的重点工作。

2.2.5.1 大气环境污染成因复杂，环境质量达标难度大

一是目前大气环境污染成因复杂，较难针对性地采取有效措施；二是国家新颁布实施的火电行业、锅炉污染物排放标准及环境空气质量标准等，对沈阳市燃煤设施污染控制及环境空气质量提出了更高的要求，但在目前的经济、技术条件下，较难短期内全面完成燃煤设施改造，实现环境质量达标；三是随着居民生活水平的不断提高，机动车需求量不断加大，汽车尾气污染逐步加重；四是氮氧化物、挥发性有机物、臭氧等污染因子的管理控制基础薄弱，难以在短时间内得到有效控制。

2.2.5.2 水环境治理仍存在欠账，缺少综合性的有效治理措施

一是面对沈阳市部分河流原有功能丧失的现状，急需调整水环境功能区划，解决黑臭水体问题；二是目前细河污染问题仍然存在，沿线污水截流及大型污水处理厂提标亟待实施；三是部分郊区县及乡镇污水收集处理问题尚未有效解决，已有乡镇污水处理设施缺少运行资金保障，农村面源污染底数不清；四是辽河、浑河水系生态修复及生物多样性重建工作尚需加强；五是市政排水的雨污混排情况尚未得到有效控制；六是污染企业的搬迁及改造工作需进一步落实；七是地下水污染防控及水质恢复工作尚需加强。

2.2.5.3 固体废物控制及综合利用较难满足需求

一是目前沈阳市大辛、老虎冲等垃圾填埋场已基本达到饱和，配套设施

不完善，渗滤液、恶臭等影响突出；二是一般工业固体废物再生利用率较低，资源化利用水平尚需提升；三是危险废物从产生到处置全过程的风险防控体系尚不完善；四是对污水处理厂所产生污泥的处置能力及资源化利用水平尚需加强和提升。

2.2.5.4 土壤污染治理及修复尚未实现系统化、规范化

一是当前沈阳市土壤污染情况底数尚不明确；二是尚未建立完善的土壤管理及质量监测体系；三是土壤污染场地的治理及修复工作亟待加强；四是针对突发环境事件造成的土壤污染的防控体系尚不完善。

2.2.5.5 农村环境问题日益突出，环境治理能力亟待加强

一是当前沈阳市农村环境基础设施与农村社会经济发展要求不适应，农村环境基础设施建设有待加强，基础设施长效运行管理机制不完善；二是近年来畜禽养殖业发展速度较快，格局分布不均，加之污染治理措施不完善，养殖废物、废水及恶臭影响在短期内较难消除；三是随着农业产业化及城乡一体化进程的加快，农村土壤污染问题凸显。

2.2.5.6 生态服务功能难以发挥，需保护、修复与建设并举

一是部分区域生态功能退化，生物多样性面临威胁，区域生态保护与资源开发的矛盾仍较为突出；二是生态保护监管能力相对薄弱，生态环境管理制度有待完善，生态环境监测与评价工作亟待加强；三是生态保护投入不足，底数不明，责权不清；四是急需开展重点流域、重点生态功能区域的生态修复工作。

2.2.5.7 环境监管与环境执法力量支撑不足

一是环境监管执法力度和要求不断加大与执法监管力量相对不足之间的矛盾更加凸显，现有环保机构设置不完善、不适应、不平衡的问题更加突出；二是基层环境监管力量薄弱，环境执法力量不足，乡镇一级环保机构和队伍严重缺失，基层环保管理工作难以得到有效支撑；三是公众环境权益观及环境诉求将进入高涨期，随着信息化水平不断提升，环境保护工作成效将直接影响政府公信力。

2.3 沈阳市环境问题与需求分析

2.3.1 环境质量现状及存在问题

现阶段，沈阳市仍有诸多环境问题亟待解决，主要包括空气环境问题、水环境问题、生态环境问题等。

2.3.1.1 环境空气问题

（1）2015 年沈阳市环境空气优良天数为 207 天，首要污染物以细颗粒物为主。2015 年沈阳市城市环境空气中可吸入颗粒物、细颗粒物、二氧化硫、二氧化氮的浓度分别为 115 微克/立方米、72 微克/立方米、66 微克/立方米、48 微克/立方米，分别超过《环境空气质量标准》（GB 3095—2012）二级标准的 0.6 倍、1.1 倍、0.1 倍、0.2 倍；一氧化碳的平均浓度为 1.0 毫克/立方米；臭氧日最大 8 小时滑动平均值的 24 小时平均第 90 百分位数浓度为 155 微克/立方米，达到国家二级标准。

（2）实施环境空气质量新标准以来，沈阳市空气质量逐年改善，主要污染物浓度呈下降趋势。2013 年实施环境空气质量新标准以来，沈阳市城市环境空气综合污染指数由 2013 年的 9.83 下降至 2015 年的 8.59。环境空气优良天数呈现波动变化，2015 年优级天数最多，达到 28 天。2013—2015 年，可吸入颗粒物、二氧化硫、细颗粒物、一氧化碳的年均浓度降幅分别为 10.8%、26.7%、7.7%、31.2%。

（3）沈阳市环境空气污染呈现典型的煤烟型污染特征。"十二五"期间，沈阳市冬季污染最重、夏季污染最轻，冬季二氧化硫、细颗粒物、可吸入颗粒物、一氧化碳、二氧化氮的浓度分别是夏季的 7.2 倍、2.4 倍、1.8 倍、1.8 倍、1.4 倍。冬季首要污染物以细颗粒物为主，占 66.3%；夏季污染物以臭氧居多，占 72.8%；春季风扬尘污染突出，春季降尘是其他月份平均值的 1.8 倍。

（4）环境空气污染原因复杂多样，燃煤仍是空气污染的主要原因。沈阳市环境空气质量主要受采暖期煤炭燃烧、静稳天气、秸秆焚烧、外来尘沙、机动车尾气、工业生产等因素影响。数据显示，2015 年沈阳市环境空气主要污染物对细颗粒物的分担率为 39.6%，机动车尾气、扬尘、工业生产及其他对细颗粒物的分担率分别为 18.6%、14.4%、16.0% 及 11.4%。

2.3.1.2　水环境问题

（1）2015 年，浑河沈阳段水质为重污染级，辽河沈阳段水质为污染级，地下水受地质因素影响，铁、锰仍有超标现象。

2015 年，浑河干流沈阳段水质劣于地表水环境质量 V 类水质标准，综合污染指数为 11.0，水质为重污染级。主要污染物为氨氮、总磷、五日生化需氧量，年均浓度分别为 3.27 毫克 / 升、0.46 毫克 / 升、7 毫克 / 升，分别超过 III 类水质标准的 2.3 倍、1.3 倍、0.8 倍。

辽河干流沈阳段水质达到地表水环境质量 IV 类水质标准，五日生化需氧量、高锰酸盐指数两项指标超过 III 类水质标准，其中，五日生化需氧量年均值为 6 毫克 / 升，高锰酸盐指数年均值为 6.6 毫克 / 升。

浑河、辽河主要支流河中，柳河、王河达到地表水环境质量 IV 类水质标准；拉马河、秀水河、左小河、养息牧河达到地表水环境质量 V 类水质标准；其他主要支流河均为劣 V 类水质。绕城水系北运河水质达到 IV 类水质标准，但南运河和卫工河水质仍劣于 V 类水质标准。

沈阳市地下水优良井、良好井占监测总井数的 49.3%，铁、锰超标较为普遍，超标率分别为 24.7% 和 28.8%。

（2）"十二五"期间，辽河、浑河沈阳段水质均有不同程度的改善。

"十二五"期间，辽河干流沈阳段水质持续改善，综合污染指数由 2011 年的 8.0 下降到 2015 年的 6.6。主要污染物为五日生化需氧量和高锰酸钾。化学需氧量浓度持续降低，除 2014 年为 22 毫克 / 升，达到 IV 类水质标准外，其他年份均达到 III 类水质标准。

"十二五"期间，浑河干流沈阳段综合污染指数由 2011 年的 12.9 下降到 2015 年的 11.0。主要污染物氨氮由 2011 年的 4.32 毫克 / 升下降到 2015 年的

3.27 毫克/升，降幅达 24.3%。

"十二五"期间，绕城水系水质有所改善，北运河水质达到国家地表水环境质量Ⅳ类水质标准，南运河和卫工河水质保持稳定。

2.3.1.3 生态环境问题

"十二五"期间，沈阳市生态环境质量（EI值）在 51.00～53.41 之间，生态环境质量下降趋势明显，水源涵养、水土保持、防风固沙、洪水调蓄、气候调节等生态系统功能受损严重，出现了诸如生物多样性锐减、水土流失、草场退化、土壤沙化、土地盐碱化、旱涝灾害频发等现象。

2.3.2 环境质量改善重点与需求

"十三五"是沈阳市全面建设小康社会的决胜期，是全面创新改革的攻坚期，也是加快国家中心城市建设、推动东北老工业基地全面振兴的关键期。沈阳市环保产业的发展应把握这一机遇，将环境质量改善、固体废物控制、污染物减排作为重点，不断提高沈阳市环境质量水平。沈阳市环境质量改善的重点与需求包括以下几个方面。

2.3.2.1 深化环境综合整治，全面改善环境质量

（1）推进环境空气综合整治，改善环境空气质量。以制定沈阳市燃煤总量控制规划为契机，加大对电力行业和燃煤锅炉的治理力度，清理拆除小煤炉，推进高效一体集中供热，对污染企业实施搬迁。开展工业挥发性有机物治理、油气回收改造，推广绿色交通，加强扬尘管控。推行清洁生产，不断提高企业清洁生产水平，加速推进清洁能源的使用，结合城市燃气管网建设和燃气的供应情况，实施清洁能源替代，加快秸秆综合利用能力建设，加强餐饮油烟治理，不断提高环境空气质量。

（2）流域生态修复及综合整治，改善水环境质量。改善地表水环境质量，打造河流生态廊道，持续推进辽河、浑河、蒲河及其主要支流的生态修复、生态景观建设和综合整治，打造健康生态水环境。推进滨河（湖）带生态建设，完成生态点建设。治理城市河流"死库区"，增强河流流动性，打造"动

静相宜"的沿河亲水景观平台。对建成区内南北运河、细河、满堂河、辉山明渠等重点水体，采取控源截污、垃圾清理、清淤疏浚、生态修复等措施，改善河流水质，修复河流生态环境，构建水质优良、生态健康、景美怡人的生态水系。实施污水处理厂提标改造，推进雨水回用，减少地表水环境影响，加强水源地保护，保障饮用水安全。

（3）科学规划和控制管理，改善声环境质量。加强科学规划和控制管理，合理规划布局，预防和减少噪声污染，推行道路隔离降噪措施，采取禁鸣区、禁行段等多方面的控制管理措施，控制交通噪声。开展对商业经营和"三产"固定噪声源的综合整治，控制社会噪声，有效提升声环境质量。

2.3.2.2 推进污染物排放总量控制，削减污染物排放量

（1）优化发展，从源头控制污染物产生。优化沈阳市经济结构和产业结构，形成以先进装备制造业为主体、战略性新兴产业为先导、传统产业优化升级的工业发展格局。大力发展循环经济、生态经济、低碳经济和高技术产业、第三产业、静脉产业、环保产业。控制高耗能、高污染行业增长。加快淘汰落后生产能力，加快引进清洁能源，推进资源综合利用、垃圾资源化利用、废物再生利用、中水回用。加快形成"低消耗、低排放、高效率"的生产模式，引导不同产业通过产业链的延伸和耦合，实现资源在不同企业之间和产业之间的充分利用，从根本上控制污染物的产生，减少污染物增量。

（2）强化污水处理，削减化学需氧量、氨氮排放总量。进一步推进城镇污水处理厂建设和现有污水厂提标改造，加强农村地区污水处理能力提升，加强污水资源化循环利用，实现全市污水达标排放。完成北部、西部、沈水湾、仙女河四座大型污水处理厂的提标工程，使之达到一级 A 排放标准；完成新城子、虎石台南、虎石台北等五座污水处理厂的技术改造，使排水达到设计标准。

（3）发展清洁能源和强化治理，控制二氧化硫、氮氧化物排放总量。全面优化能源结构，大力发展清洁能源，转变能源消耗方式，开发利用新能源和可再生能源。积极开展城市污泥掺烧发电、居民生活垃圾焚烧发电，推进

生物质发电、垃圾沼气发电、农村用户沼气利用，扩大生物质成型燃料、生物燃料等生物质能的利用规模，继续稳步推进地热能和风能发电，加大太阳能开发力度。强化煤层气开发利用，逐步提高全市天然气、煤层气、电等清洁能源的比例，降低清洁能源成本。出台鼓励减排设施正常运行的经济政策，有效控制全市煤炭消费增量，加大燃煤锅炉减排和治理力度，严控新增燃煤项目建设，减少二氧化硫、氮氧化物等空气污染物排放总量。

2.3.2.3 加强生态资源监管，提升生态环境质量

加强生态环境监测和资源开发的生态环境管控，建立完善生态保护红线制度，加强对自然资源开发以及道路、电力、通信等项目建设的生态监管。推动生态旅游示范区建设。加强生态环境监测和评估体系建设，建立和完善生态系统监测站点，实施棋盘山、卧龙湖、蒲河等生态观测站建设，提高生态环境监测能力。开展区域生态环境质量、生物多样性等生态监测。

2.3.2.4 推进固体废物控制管理及防治，控制固体废物污染

实施工业固体废物处置利用项目建设，推进工业固体废物资源化、产业化、规模化和效益化发展，按照再生资源产业"圈区"管理模式，鼓励支持具备条件的园区建设固体污染资源化利用项目。实施危废处置利用项目建设，提升全市危废处置能力。加强农村乡镇医疗废物收集、贮存能力建设，减少农村医疗废物污染，降低群众健康风险。

实施污水处理厂污泥无害化处置工程建设，提升污泥处置能力。强化新增污泥监管，及时、安全处置各污水处理厂日产污泥，发展污水处理厂污泥再生利用技术产业。

2.3.2.5 加强土壤治理与修复，保障土壤安全

开展土壤污染状况详查。设置土壤例行监测点位，动态监控土壤环境质量。加强农村耕地土壤污染防治工作，组织开展土壤污染治理试点，建立土壤污染治理修复技术体系，推进农村土壤污染治理修复。开展环境调查及风险评估，实施城区搬迁企业土壤污染治理及再利用修复，强化对化工、制药等重点行业企业用地及周边区域土壤环境质量的管控，严防新生土壤污染，

对全市已确定污染场地的转让情况进行跟踪监管。

沈阳市环境质量改善需求催生了环保产业的市场需求，而市场需求是环保产业发展的最根本动力。

结合以上环境质量与环境问题现状可知，虽然沈阳市社会经济增速放缓，但是环境质量改善压力仍然较大，而环保需求的驱动力主要来自社会公众治理和防止环境污染的意愿，由此形成了环保市场特有的驱动机制。沈阳市人口众多，经济还处在高速发展时期，各种废气、废水、垃圾排放数量庞大，环境治理的需求十分迫切，且正由初级末端污染治理向全过程治理转移。

2.3.3 环保产业政策分析

产业政策是政府为了实现一定的经济和社会目标对产业活动进行干预而制定的各种政策的总和。产业政策的实质，是针对产业活动中出现的资源配置"市场失灵"情况而实行的政策性干预。环保产业作为一种新兴的、带有巨大发展潜力的朝阳产业，涉及上下游很多相关产业，并且在发展初期具备高投入、高风险特征，同时具备一些公共性的特点，这就需要政府对其发展进行合理的产业政策规划，建立一种多领域、相辅相成的合理政策体系，指导环保产业健康快速发展。

环保产业的发展是一个复杂的过程，它的发展需要考虑各种因素的影响。受区域社会经济发展速度、经济模式及文化历史等因素影响，不同区域的环保产业政策从制定、实施到监管等都存在各自的特点。

沈阳市环保产业政策存在以下特点。

第一，受沈阳市在我国产业分工中所扮演角色的影响，现阶段沈阳市的产业结构中势必存在一定比例的高耗能以及污染行业，使节能环保政策在实施范围上存在一定的局限。沈阳市作为东北老工业基地的核心区域，担负着全国范围内相当比例的石油化工等产品的生产，这种以第二产业为主的结构必然会对单位能耗水平产生较大影响。

第二，沈阳市能源消费结构决定了区域能耗及污染的排放要高于发达区域水平，这也决定了沈阳市环保产业政策在实施力度上存在局限性。在一次能源消费结构中，沈阳市对于煤炭的消费量要远远大于石油和天然气。这主要取决于以下三个因素：一是北方区域所具备的能源资源禀赋；二是对能源资源的获得力；三是能源需求。

第三，沈阳市经济发展的阶段和现状决定了其对资源的需求量和温室气体排放量呈上升趋势，环保产业政策需要不断根据经济发展状况而更新。目前，沈阳市处于大力推进工业化、城市化阶段，全面建成小康社会是沈阳市的目标，而目标的实现势必需要以资源作为保障，需要加大基础设施方面的建设，加大工业的投入力度，这些都将会导致沈阳市对资源的大量需求和温室气体排放的增加。除此之外，人民生活水平的提高也会加大对物质的需求量，这在一定程度上同样会加剧这种状况。

沈阳市的环保产业政策在法律手段、经济手段、行政引导手段方面存在种种不足，具体表现如下。

第一，法律手段方面。当前沈阳市关于环保产业的法律法规标准体系还不够完善。尽管国家及地方政府已经出台了一系列推动战略性新兴产业发展的政策及措施，但是关于节能环保的法律法规仍然没有形成完备的体系，给节能环保产业的发展带来了阻碍。具体体现在以下几方面：一是节能环保法律法规在国家层面的宏观战略指导不够完备，涉及领域有限；二是微观层面上涉及具体行业、企业的节能环保法律法规没有形成很好的关联性；三是节能环保法律法规的体制机制建设滞后，从而制约了节能环保产业的发展；四是节能环保法律法规政策在执行过程中缺乏强有力的惩罚措施，惩罚力度不够。

第二，经济手段方面。首先，现行的环保产业财政政策存在以下问题：一是财政资金投入机制不健全，没有建立长期稳定的财政投入机制以支持环保产业的发展；二是环保财政投入总额不足且结构不合理，财政投入资金的配置使用效率低。其次，政府对环保产品的采购占总政府采购规模的比例非常小，环保服务等尚未纳入政府采购的范畴。最后，环保产业类企业的税收政策存在手段单一、调节范围窄且力度不够、政策间没有形成系统等相关问题。

第三，行政引导手段方面。在政府的行政引导手段方面，问题主要在于政府、企业在环保政策中对自己的定位不清，造成节能环保工作成为政府单方行为，企业未能发挥应有的作用，且缺少统一协调、具有先导性、成体系的产业规划。同时，政府对环保产业的统计、检测体系的关注度不够高，缺少对企业自主知识产权等关键技术创新的引导。

根据环保产业政策发挥作用的不同特点，环保产业政策体系可以分为经济政策、法律法规政策、市场保障政策和行政引导政策。环保产业的经济政策是指政府作为构建节能环保社会的主要倡导者，借助财政、税收、金融、价格等经济手段，对政策客体（一般指企业或个人等）的行为实行激励或约束的行动准则和方针，是政府促进节能环保产业发展的重要政策手段和途径；环保产业的法律法规政策是一种强制执行的政策，它主要用于规范市场主体在节能环保方面的经济行为，降低整个社会节能环保的运营成本，提高运行效率；环保产业的市场保障政策是指通过保护企业知识产权、维持市场竞争秩序来避免不当竞争行为的政策；环保产业的行政引导政策是指政府在社会中发挥一种引导作用，鼓励经济主体有利于节能环保的行为，压制经济主体不利于节能环保的行为。具体如图 2-1 所示。

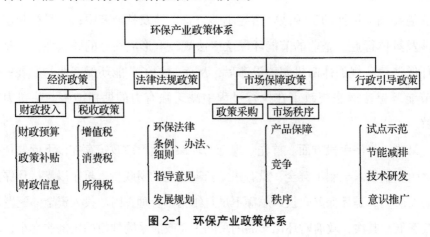

图 2-1　环保产业政策体系

环保产业是近年来获得政策支持最多的行业之一，随着《大气污染防治行动计划》《水污染防治行动计划》《土壤污染防治行动计划》《城镇排水与污水处理条例》等利好政策的相继出台，环保产业市场产销规模将保持稳步增长。

2.3.4　发展新兴环保产业的必要性

战略性新兴产业是以重大技术突破和重大发展需求为基础，对经济社会全局和长远发展具有重大引领带动作用，知识技术密集、物质资源消耗少、成长潜力大、综合效益好的产业。它的提出是为了替代传统产业增长中过于粗放和浪费的部分，以期在不过分损害增长速度的条件下实现增长方式的转型。战略性新兴产业在概念上涉及两个核心词，即"战略性"和"新兴"。"战略性"是指这些产业对经济和社会发展具有全局性的影响和极强的拉动效应；"新兴"则是指这些产业目前尚处于发展初期，但市场可开拓性强、技术和商业模式创新潜力极大。

战略性新兴产业一般有三个特征：其一，能够迅速有效地吸收创新成果，并获得与新技术相关的新的生产函数；其二，具有巨大的市场潜力，可望获得持续的高速增长；其三，同其他产业的关联系数较大，能够带动相关产业发展。总体来讲，战略性新兴产业必须具备独特的产业核心竞争力。

新兴环保产业不同于传统环保产业，属于战略性新兴产业。原因如下。①新兴环保产业具有前瞻性和进取性，即新兴环保产业着眼于全程管理与源头控制，属于进取型环保产业，是促进可持续发展的有效途径。②具有创新性与竞争力。一方面，新兴环保产业逐步摆脱以设备制造为主的传统机械加工，将绿色服务、环保金融等新兴领域作为新的发展着力点；另一方面，新兴环保产业追求在技术前沿领域取得突破，拥有环境领域的独特技术，以获得竞争优势。③具有渗透性与带动力。新兴环保产业在发展的同时能与其他产业进行良好的结合，从而产生强大的引领和辐射作用。新兴环保产业与传统产业相互渗透、相互促进，能够带动传统产业实现绿色化，从而更好地为区域经济发展服务。

由于我国环保产业起步较晚，传统环保产业致力于完善末端治理基础硬件，所以我国环保产业的结构趋向于工程型、设备制造型。基于此，应大力发展新兴环保产业，这也是战略性新兴产业快速发展的迫切需求。

2.3.5 环保产业发展需要优化资源配置

环保产业的发展具有强烈的政策驱动特征，国家资金投向与政策扶持方向在很大程度上影响着环保产业的未来走向。目前，我国大部分区域环保产业的发展仍以防御型为主导，即在资金投向上仍以防御型环保产业为重点，并未向进取型环保产业倾斜。

环保投资分为城市环境基础设施建设投资（包括燃气、集中供热、排水、园林绿化、市容环境卫生）、工业污染源治理投资、建设项目"三同时"环保投资三部分。其中，基础设施建设投资中除"排水"和"市容环境卫生"的子项"污水处理及再生""垃圾处理"外，其他均与环保的相关性较弱。

在产业鼓励方面，我国对环保产业的扶持力度相对较弱，既有的产业政策主要针对污染治理的相关技术与设备生产进行扶持，仍着眼于末端治理与基础建设。因此，环保产业难以形成自身发展的优势，也很难通过技术进步对环保产业其他方面产生辐射效应，从而不利于我国战略性新兴产业的发展。

同时，我国环保产业的自主创新能力、商业模式创新能力与金融创新能力薄弱，竞争力不强，产业技术对产业协同发展和产业创新的引领作用不足。

因此，环保产业的发展需要通过产业政策的干预来调整，并进一步结合环保产业的市场化需求，优化配置各项政策、资金、人才、技术、产品等资源，使环保产业在良好的市场环境中快速发展。

3

国内外环保产业分析

3.1 国外环保产业分析

3.1.1 国外环保产业发展状况

目前，发达国家的环保产业已成为其国民经济的支柱产业，也是发展最快的朝阳产业之一。经过多年的快速发展，发达国家环保产业的产值已占到了国内生产总值的 10%~20%。

2009 年，全球环保产业规模达到 6520 亿美元，截至 2016 年已经突破

8000 亿美元，同比增速远高于全球经济发展速度。可见，环保产业已成为全球经济的重要组成部分。

当前，美国、加拿大、德国、法国、英国、日本等发达国家是全球环保产业的主导国家，占据了国际市场的大部分份额。截至 2011 年底，在全球环保市场份额中，美国占据 36%，位居第一；欧洲排名第二；日本排名第三。

美国环保产业的发展较为成熟，其环保产业分为环保服务、环保设备和环境资源三大类。美国在环保设备领域的领先地位稳固，尤其是在水和空气污染控制设备领域。此外，美国再生资源产业规模十分庞大。2015 年，美国环保产业市场规模已经达到 3577.7 亿美元。

日本环保产业在洁净产品设计和生产方面发展迅速，如绿色汽车和运输设备生产居世界前列，节能产品和生物技术也是日本环保产业集中发展的对象。2010 年，日本环保产业的产值为 354 亿美元。

德国在节能环保产业发展方面始终处于世界领先地位。目前，节能环保产业已成为德国一大支柱产业。截至 2015 年，在德国工商会注册的环保企业超过 1 万家，从业人数近 200 万人，约占总就业人数的 4%。2012 年 1 月 31 日，德国环境部发布的《德国环保产业报告》显示，德国环保产业年产值已达 760 亿欧元，占世界环保产业贸易额的 15.4%，且近 80% 的环保产业为研究和知识密集型产业。

发达国家的环保产业经过多年的发展，已经趋于成熟饱和，其国内市场规模增长开始逐步放缓。与此同时，发展中国家的环保市场保持着高速增长，近年来市场增速一直在 10% 以上，在全球环保市场上的份额不断增加。尤其是以中国、印度为代表的发展中国家，在环境治理和新能源等领域投资巨大，发展迅速，有力地推动了全球环保产业的较快增长。

从地域分布来看，全球环保产业的收入分布极不平衡，北美洲、欧洲和亚洲共同占据了全球环保产业市场份额的 90% 以上，而其他四大洲占全球环保产业的市场份额不到 10%。从国别分布来看，目前发达国家仍然主导着全球环保市场，2011 年，以美国、日本、加拿大、欧盟等为代表的发达经济体占有全球环保产业 2/3 的市场份额。但是近年来，其环保市场发展速度放缓。与此同时，以中国、印度、巴西为代表的发展中国家和一些新兴市场国家的环保产业发展迅猛，占全球的市场份额逐步提高。由此可见，全球环保市场的区域格局处于不断的调整之中。

3.1.2 国外环保产业发展特征

目前，发达国家环保产业的发展已经进入了成熟阶段。通过对美国、日本和德国环保产业的发展状况进行分析，可以看到每个国家环保产业的发展之路都是根据自己国家的实际情况不断调整、不断实践而形成的。

3.1.2.1 产业发展初期

美国的环保产业是以政策为导向发展起来的，日本、德国环保产业的发展也是先从立法开始的，但是日本的立法主要侧重于对公害问题的解决，而德国的环境政策则侧重于建设可持续发展的循环经济体系和呼吁民众提升环保意识。

3.1.2.2 产业发展中期

在随后的发展阶段，每个国家的侧重点开始随本国环境的不同而发生变化。在环保产业的发展中期，美国政府注重科技投入，并以强制性的控制方式命令执行，以此来引导市场走向；日本则开始转变思路，不再追求单一的污染终端处理，而是关注废物的回收处理和循环利用，日本的各企业也积极响应政府的号召，开始专注于废品的回收利用以及资源的循环利用；德国仍然以法律法规的完善为主导，形成了目前为止全球最为全面系统的环境保护法律，同时加大了科技投入。

3.1.2.3 产业发展后期

在环保产业的发展后期，三个国家似乎都选择了外延出口的方式，但在环境外交意图上略有差异。美国的环境外交符合其一贯的独霸全球的方式，兼顾全球、地区和双边；日本的环境外交侧重于对周边的亚洲国家予以援助，以提升自身的国际形象；德国的环境外交则以其一再强调的可持续发展思想为侧重，积极帮助发展中国家发展多边关系，以推动本国环保产业各方面的发展。

虽然美国、日本、德国环保产业的发展历程都有各自的特点，但从中我们也可以归纳出共同的特征，具体有以下几点。①环境理念的转变。美国、日本、德国环保产业的发展都是从末端污染治理开始的，但慢慢地转变了环境理念，如日本的循环生态经济理念和德国的可持续经济发展理念。②高标准的立法与严格的执法。美国、日本、德国的环境立法都是以高标准为要求，并且为了保障执法会采取很多辅助的方式。③通过外延出口，推动产业转型。虽然每个国家开展环境外交的意图不同，但是能达到共同的目的，那就是推动本国环保产业的发展，实现产业转型。④加大科技投入，提升公众环保意识。美国、日本、德国都积极地激励企业参与环保行动，将环保教育纳入正规教育，从细微之处培养公众的环保意识和企业的社会责任感，这样不仅使环保工作得以顺利开展，而且可以获得企业、公众的积极参与，推动环保产业的发展，这也是未来中国环保产业发展可以借鉴的经验。

3.1.3 国外环保产业发展经验与启示

通过对美国、日本、德国等发达国家环保产业发展状况的分析，可以得出如下经验与启示。

在技术投入方面，发达国家很早便开始了环保方面的科技投入。近年来，美国、日本、德国环保产业的科技投入增长率分别为 5.83%、6.19%、3.00%，科技投入增速比较明显。在这方面，中国表现得相对较弱，今后应予以重视。

在环保产业的发展规模方面，发达国家的产业规模都比较大，环保产业的产值占 GDP 的比重很大。这是由于发达国家环保产业起步较早，已经进入了成熟阶段，而中国的环保产业仍然处于快速成长阶段。

在政策引导方面，现阶段美国、日本、德国在环保产业发展方面都有比较完善的法律体系作为保障。虽然中国从环保产业开始发展起就一直在完善相关法律法规，但由于理论与实践不同步，往往会出现多头管理、职责不明、执法不严等现象，从而阻碍环保产业的发展。

在环保产业结构方面，美国、日本、德国主要是在节能、清洁产品等方面发展，特别是日本的变废为宝、生态资源循环利用，以及德国的经济可持续发展已经进入了比较高的阶段。相比发达国家已经从污染的末端处理发展到环境质量的提高上，中国环保产业的发展仍然围绕工业废物、空气污染、水污染的处理设备的生产，且很多先进的节能装置主要从发达国家进口。

在企业形式方面，美国的环保产业已经形成了大型企业模式，而中国的环保产业则90%是中小企业模式，并且很难统一规划形成大企业模式。

在社会责任和公众环保意识方面，美国、日本、德国都将环保教育纳入正规教育计划，培养公民的环保意识和环保责任感，日本的企业家更是因为这种环保责任感积极地响应政府号召，通过资源循环利用履行自身的社会责任。只有提高了企业和公民的环保意识，环境保护行动才能有效实施，环保产业才能快速健康发展。中国虽然一再将提高公民的环保意识提上议程，但没有采取切实可行的措施。因此，在以后的发展中，中国的首要任务是广泛采取措施，提高公民的环保意识。

在开展环境外交方面，发达国家都有突出的表现。德国通过联盟会议、多边合作、援助发展中国家等方式实施经济可持续发展战略，推动环保产品的出口，带动本国环保产业的发展；日本则是通过帮助亚洲的一些国家，以及与美国等开展合作，推动其高科技环保产品的出口；美国也通过外延方式推动其环保产业的发展。中国虽然近几年也在与加拿大等国开展环境方面的合作，拓展自己的环境外交，但由于中国本身的环保科技研发不足，所以外延出口是中国将来发展环保产业需要努力的。

3.2 国内环保产业分析

3.2.1 我国环保产业发展现状

随着中国经济的持续快速发展，以及城市化和工业化进程的不断推进，我国环境污染日益严重，国家对环保的重视程度也越来越高。"十二五"期间，国家加大了环保基础设施的建设投资，有力地拉动了相关产业的市场需求，迅速扩大了环保产业规模，逐步了调整产业结构，明显提升了产业水平。伴随着公民环保意识的增强和环境保护工作力度的加大，环保产业正日益成为业界乃至全社会关注的焦点和热点。特别是中国环保产业被纳入重点发展的战略性新兴产业之后，其进入了外部环境最为良好的发展黄金期。

原环境保护部发布的《2011 年全国环境保护相关产业状况公报》显示，2011 年全国环保产业从业单位 23820 余家，从业人员 319.5 万人，营业收入 30752.5 亿元，营业利润 2777.2 亿元，年出口合同额 333.8 亿美元。与 2004 年相比，2011 年全国环保产业的从业单位增加了 104.9%，年平均增长速度为 10.8%；从业人数增加了 100.3%，年平均增长速度为 10.4%；营业收入增加了 572.6%，年平均增长速度为 31.3%；营业利润增加了 605.1%，年平均增长速度为 32.2%。

在国家政策的大力推动下，我国环保产业实现了较快的增长，总体规模迅速扩大，产业领域不断扩展，产品种类也日渐丰富，但是受到国内外宏观经济、技术、资金、环保政策等各方面因素的影响，还有很多方面发展不够成熟。

3.2.2 我国环保产业发展特征

20 世纪 70 年代，经济建设和环境保护事业的发展促成了我国环保产业的兴起。经过多年的发展，环保产业已经初步形成一个产品种类较为齐全，污

染治理技术、资源综合利用、自然保护及生态工程比较配套的新兴产业，为
我国的环保事业做出了巨大的贡献。从"六五"（1981—1985 年）到"七五"
（1986—1990 年）期间，我国的环保产业处于起步阶段，在此期间的环保总
投资仅为 646.42 亿元，占同期国内生产总值（GDP）的 0.63%。从"八五"
（1991—1995 年）到"九五"（1996—2000 年）期间，我国提出总量控制概
念，环保产业逐步进入发展期，在此期间环保投资达到 4822.97 亿元，占同
期 GDP 的 0.84%，环保产业逐渐受到了更多的关注。从"十五"（2001—2005
年）到"十一五"（2006—2010 年）期间，国家将经济发展与环境保护放在同
等重要的地位上对待，环保投资总额达到 3 万亿元，其中"十一五"期间为
2.16 万亿元，占同期 GDP 的 1.35%。在环保投资逐年增加的同时，环保投资
占 GDP 的比重也在逐年增长（见图 3-1）。

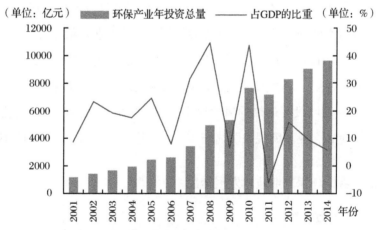

图 3-1　2001—2014 年我国环保产业年投资总量及占 GDP 的比重
资料来源：《2017 年中国节能环保产业发展预测分析》。

到 2015 年，我国环保产业发展逐步加快，下面就产业规模、区域分布、
领域分布、供给能力、市场特点几个方面进行分析。

第一，产业规模。2015 年，全国环境保护产品销售收入约 4700 亿元，环
境保护服务营业收入约 4900 亿元，合计约 9600 亿元。2015 年，环保装备销
售收入增长 10%～15%，环境服务业增长超过 20%。总体来讲，增速较往年

有一定的下滑。

第二，区域分布。我国环保产业的分布与经济发展的水平基本保持一致，"一纵一横"特点明显。"一纵"即东部沿海地区，该地区已初步形成长三角、珠三角、环渤海三大主要产业集聚区，江苏、浙江、广东、山东、北京、上海等省市已成为我国具有引领和带动作用的环保产业发展策源地；"一横"即沿长江流域的中西部地区，主要是重庆、四川、湖南、湖北等省市，这些地区产业发展的增速明显，正在逐步形成我国环保产业发展的第二梯队。

第三，领域分布。2015 年，环保装备制造业产值的比重下降明显，环境服务业快速发展，环境服务业的产值首次超过环保装备制造业。在污水治理、大气污染治理、固体废物处理三大领域，产业发展相对成熟，企业数量众多，集中度相对有所提升。

第四，供给能力。环保装备和产品的供给能力显著增强，在除尘、烟气脱硫、城镇污水处理等领域已形成世界规模最大的产业供给能力。

第五，市场特点。产业发展环境进一步优化；环保技术装备基本满足环境保护工作的需要；环境服务业呈现良好发展态势；从业企业正在发展壮大；环保产业部分领域投资过热的风险值得警惕；增值税优惠政策的变化使环保企业税负加重；企业并购现象明显增加，国企进军环保行业的进程加快。

3.2.3 我国环保产业技术发展情况

3.2.3.1 水污染防治

至 2015 年末，城市污水处理厂的日处理能力达到 13784 万立方米，比上年末增长 5.3%；城市污水处理率达到 91.0%，比上年提高了 0.8%。

上市企业作为我国水污染治理行业的主力军，具有融资能力强、政府资源好、运营管理高效、技术水平领先等多方面的竞争优势。2015 年《中国环保产业发展现状及趋势》统计数据显示，25 家主营业务为供水、污水处理、水处理设备制造等的上市企业，2015 年度的总营业收入为 1034.73 亿元，约占 2015 年水污染治理行业总营业收入的 30.1%。

一些工业废水处理新技术已得到推广应用，有的技术已达到国际先进水平，如 FMBR 膜生物技术、厌氧生物滤池和厌氧膨胀床等。潜水污水泵、新型曝气设备、污泥处理设备等的质量也有所提高。由于面源污染的复杂性和随机性，对面源污染的控制十分困难。我国针对面源污染控制的研究和实践相对国外较为滞后，总体进展缓慢。

3.2.3.2 大气污染防治

电除尘器、袋式除尘器和电袋复合除尘器是目前我国主要的工业除尘设备。2015 年，电除尘器生产企业超过 200 家，排名前 50 的企业的产值占全国总产值的 85%。

目前，电除尘新技术不断涌现，如低温电除尘、低低温电除尘、湿式电除尘、移动电极式电除尘、机电多复式双区电除尘等，并得到广泛推广和应用。

近几年，袋式除尘器的应用已覆盖各工业领域，成为我国大气污染控制特别是 PM2.5 排放控制的主流除尘设备。袋式除尘单机最大设计处理风量提高到 250 万立方米 / 小时，出口浓度可达到 10 毫克 / 立方米以下，运行阻力降低到 800～1 200 帕，漏风率能控制在 2% 以下的水平，单位处理风量钢耗量下降约 15%。

截至 2015 年底，全国已投运火电厂烟气脱硫机组容量约 8.2 亿千瓦，占全国火电机组容量的 82.8%，占全国煤电机组容量的 92.8%。截至 2015 年底，全国已投运火电厂烟气脱硝机组容量约 8.5 亿千瓦，占全国火电机组容量的 85.9%，占全国煤电机组容量的 95.0%。

电力行业脱硫脱硝除尘工程数量与火电厂机组容量同步，而非电行业燃煤的污染较为突出。国家发展改革委能源研究所数据显示，截至 2015 年，中国尚在使用的工业燃煤小锅炉超过 47 万台，一年散烧约 18 亿吨煤。而散烧 1 吨煤排放的污染物是电厂等所使用大型锅炉经处理后排放的污染物的 10 倍左右。也就是说，散烧 18 亿吨煤的污染物排放量相当于 180 亿吨以上电厂用煤燃烧产生的污染。可见，治理散烧煤污染刻不容缓。

近年来，由于我国 VOCs（挥发性有机物）治理市场需求巨大，治理技术得到了快速的发展。主流的治理技术如吸附技术、焚烧技术、催化技术和生物治理技术得到了不断的拓展和完善，一些新的治理技术如低温等离子体技术、光解技术、光催化技术等也在不断完善。VOCs 治理的难点在于其成分极其复杂，采用单一的治理技术往往难以达到治理效果，在经济上也不合理，因此通常情况下需要采用多种治理技术。

在机动车尾气污染防治领域，柴油车主要排放控制技术包括排气后处理技术、电控高压喷射（共轨、泵喷嘴、单体泵等）技术、发动机综合管理系统、发动机本身结构优化设计技术、可变增压中冷技术、废气再循环（EGR）技术等；汽油车主要排放控制技术包括电控发动机管理系统以及配备三元催化转化器技术等；摩托车主要排放控制技术包括传统燃油摩托车发动机的优化设计、化油器的优化改进、电控化油器、二次进气装置、燃油蒸发排放控制装置、点火系统的优化、电控燃油喷射系统和排气催化转化技术等。

3.2.3.3 固体废物处理处置

在危险废物处理处置方面，我国已经掌握了化学法、固化法、高温蒸煮、焚烧及安全填埋等有效的处理处置手段。含重金属、二噁英的焚烧飞灰水泥窑煅烧资源化技术已具备推广前景。其他餐厨垃圾处理、废油资源化技术也取得了进展。

2014 年，我国运行的生活垃圾卫生填埋场有 1055 座，平均处理量约为 110 吨 / 日。城市生活垃圾填埋量实际上已经处于下降区间。截至 2015 年底，投入运行的生活垃圾焚烧发电厂有 220 座，总处理能力为 22 万吨 / 日，总装机约为 4300 兆瓦。其中，采用炉排炉的焚烧发电厂有 140 座，合计处理能力达到 13.8 万吨 / 日，装机达到 2520 兆瓦；采用流化床的焚烧发电厂有 75 座，合计处理能力为 6.9 万吨 / 日，装机达到 1720 兆瓦；其余少部分为热解炉和回转窑炉。2015 年，全国设市城市生活垃圾清运量为 1.92 亿吨，城市生活垃圾无害化处理量为 1.80 亿吨。其中，卫生填埋处理量为 1.15 亿吨，占 63.9%；焚烧处理量为 0.61 亿吨，占 33.9%；其他处理方式占 2.2%。无害化处理率达 93.7%，比 2014 年上升 1.9%。

2014 年，全国一般工业固体废物（主要包含尾矿、粉煤灰、煤矸石、冶炼废渣、炉渣和脱硫石膏等）产生量为 32.6 亿吨，比 2013 年减少 0.6%；综合利用量为 20.4 亿吨，比 2013 年减少 0.8%，综合利用率为 62.1%；处置量为 8.0 亿吨，比 2013 年减少 3.0%；倾倒丢弃量为 59.4 万吨，比 2013 年减少 54.1%。

2014 年，全国工业危险废物产生量为 3633.5 万吨，比上年增加 15.1%；全国工业危险废物综合处理利用率为 82.3%，比上年提高 8.2%。

2014 年，我国废钢铁、废有色金属、废塑料、废轮胎、废纸、废弃电器电子产品、报废汽车、报废船舶、废玻璃、废电池这 10 类再生资源的回收总量为 2.45 亿吨，回收总值为 6446.9 亿元，表明再生资源回收产业发展前景广阔。

3.2.3.4 噪声与振动控制

目前，我国噪声与振动控制行业的技术热点仍旧集中在铁路、公路交通与城市轨道交通领域的噪声与振动控制，电力行业发电厂与输变电系统的噪声与振动控制，冶金、建材、化工行业的噪声与振动控制，城市环境噪声在线监测与综合控制，建筑声学处理与噪声控制以及新型声学材料的研究开发等方面。

3.2.3.5 环境监测

环境监测技术总体上发展比较快、潜力很大，与国外先进水平的差距在不断缩小，尤其在光谱类环境监测技术与仪器方面。在一些重大的国家项目中，我国自主研制的仪器正发挥着越来越重要的作用。虽然环境监测设备国产化程度在逐步提高，但国产的环境监测仪器和设备中还存在着自动化程度较低、部分关键元器件仍受制于人等问题，且环境监测技术在时间、空间、数据可靠性、一些特殊污染物的监测手段等方面仍存在一些问题。

3.2.3.6 土壤修复

土壤污染防治市场在"十二五"期间得到培育，政策环境初步具备，城市污染场地修复市场快速启动，成为新的投资热点。相对于世界广泛应用的技术种类而言，场地修复技术数量相对较少，虽然部分企业正在同高校等科研机构联合进行土壤修复技术的研发以及产业化运用，但受到研发成本以及修复成本的制约，工程规模尚小。农田土壤修复技术缺口较为明显，市场难以真正启动。目前，从业企业普遍缺乏技术、经验和人才，绝大多数从业企业都是白纸一张，没有成功的案例经验。

3.2.3.7　环境服务业

当前，环境服务业呈现良好的发展态势。国家鼓励发展第三方治理，环境污染治理设施运营社会化、市场化、专业化步伐进一步加块，尤以环境监测社会化发展最为显著。随着政府采购服务在环境保护领域的逐步推广，环境服务业对环保产业发展的引领作用将日益凸显。

3.2.4　案例分析

为了促进沈阳市环保产业的进一步发展，有必要对国内环保产业发展较好、取得成绩较为理想的案例进行分析。我们对宁波市、宜兴市、嘉兴市等环保产业发达区域的发展状况进行了实地调研，下面着重对宜兴市环保产业发展的案例进行剖析。

宜兴市是我国环保产业起步早、发展快、市场优势明显的地区，被誉为"全国环保产业之乡"。2011 年，宜兴市主要经营环保产品、环境友好产品、资源循环利用产品及开展环境服务业的企业约 1637 个，总产值达 205.2 亿元，年利润达到 20 亿元以上。调研报告显示，2011 年宜兴市的企业主要以环保及相关产品生产经营为主，这类企业数量占比达到 89.7%。其中，水处理产品设备制造品种最全，已形成排水系列、给水系列、污水处理系列、循环水系列等多个系列。

近年来，得益于政策的推动、市场机制的形成等，宜兴市水处理产业逐渐向研发设计、工程建设、安装运行等方面过渡和发展，并逐渐形成产业集群，但同时也暴露了一些问题。由于数据获取的局限性，我们未能获得水处理产业的相关经济指标，但宜兴市环保企业中多以水处理产品设备制造为主，所以宜兴市环保产业数据可以说明宜兴市水处理产业的发展现状。

3.2.4.1 产业增长率

通过比较宜兴市环保产业产值的增长率和宜兴市的 GDP 增长率，可以看出 2001—2012 年宜兴市环保产业的发展特点和趋势，具体如图 3-2 所示。

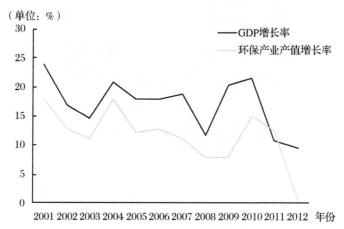

图 3-2　2001—2012 年宜兴市 GDP 增长率与环保产业产值增长率
资料来源：相关年份《宜兴年鉴》和《宜兴环保产业发展报告》。

宜兴市环保产业产值与 GDP 的增长率涨幅基本保持一致，随着 GDP 的增长，环保产业产值也随之增长。但是环保产业产值增长率明显低于 GDP 增长率，特别是自 2005 年以后，两者的差距逐渐加大。这说明虽然宜兴市的经济发展推动了环保产业的长足发展，但是以装备制造业为主的宜兴市环保产业无法跟上 GDP 的增长速度，特别是在 2012 年，增长速度明显下降。

3.2.4.2 产业结构

由图 3-3 可知，2011 年，宜兴市环保企业中销售额上亿元的企业仅 10 家，占总数的 1.09%；销售额在 5000 万 ~ 1 亿元的企业共 19 家，占比仅为 2.08%；销售额在 1000 万 ~ 5000 万元的企业有 167 家，占比为 18.25%；销售额在 1000 万元以下的中小型企业达到 719 家，占比高达 78.58%。这说明宜兴市环保产业结构不合理，仍保持以产品设备加工制造为主的产业结构。

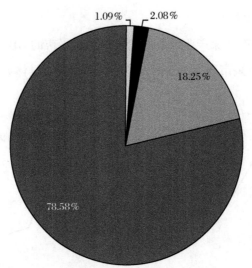

□ 销售额1亿元以上　■ 销售额5000万~1亿元　■ 销售额1000万~5000万元　■ 销售额1000万元以下

图 3-3　2011 年宜兴市环保企业规模分布

资料来源:《宜兴年鉴》和《宜兴环保产业发展报告》。

（1）产业规模全国领先。2015 年，宜兴市注册环保企业已超过 1800 家，环保产业技工贸总收入 354.5 亿元，年均增幅在 20% 左右。环保产品配套能力强，拥有 200 多个品种，超过 2000 个系列，产业链较为健全。

（2）竞争能力强。2015 年，宜兴市环保产业在国内环保市场所占份额超过 10%，环保产品出口份额超过 3%，环保产品、工程项目以及环境服务遍布全国各个省、自治区、直辖市。宜兴市还拥有一批在全国环保领域处于优势甚至领先地位的知名企业，如金山环保、博大环境等企业的水处理产品在全国占有相当份额。

（3）产业集聚创新特征显现。2015 年，宜兴市有 8 家环保企业获得国家高新技术企业认定，有 40 余家环保企业获得江苏省高新技术企业认定。拥有产学研合作机构的环保企业占比近 80%，产品更新换代迅速，市场响应灵敏，年销售收入中新产品年产值过半的企业超过 25%。企业创新能力持续增长，科技成果产出量逐年走高，科技成果转化率是全国平均水平（约 25%）的 3 倍之多，多数企业已经走上自主创新道路。

目前，政府、市场、企业多方共同努力优化产业结构，净化市场秩序，不断扩宽全国城镇污水处理设施的建设运营范围，增强宜兴市的整体产业竞争力。宜兴市环保产业集聚模式属于市场主导型，这意味着政府的作用到目前为止还比较有限，而处于成长阶段则意味着集聚区核心企业的作用至关重要，同时创新能力的培育发展是产业集聚演进到更高阶段的关键。

3.3 差距与潜力分析

随着经济的高速增长、工业化进程的加快，我国环境污染事故频繁发生。同时，人口增长为生态系统带来巨大压力，生态环境体系状况日益恶化。经济增长和生态环境保护似乎成为对立的存在，如何正确处理二者的关系，实现环境保护与经济发展"双赢"的局面，成为目前我国亟待解决的问题。

环保产业受其外部性特征的影响，其发展状况与环境政策的制定和执行情况密切相关。我国环保产业是伴随环境政策的演进发展起来的，在产业发展的初级阶段，即末端治理阶段，政策的扶持引导起到了很大的推动作用，确保了市场需求。但是单纯依靠政府参与治理和保护环境已经不能满足现阶段的环境需求，环境保护市场化的趋势不可避免。为了更好地实现环境保护与经济协调发展，提高经济增长质量，并使环境保护成为我国经济增长方式转变的重要手段，需要以环保产业作为支持。环保产业的发展也是我国实现循环经济、建立环境友好型社会的基础。

通过分析发现，目前我国环保产业整体发展较快，但还存在很多的问题。主要体现为：存在政府垄断，尤其是地方政府实行地方保护，导致市场化程度低；市场存在着环保产品供给相对过剩与市场需求不足的矛盾；高技术产品大量依赖进口，自主开发能力低，而低技术产品重复生产，恶性竞争；产业结构集中于低端治污产品的生产，作为环保产业核心部分的环境服务产业在市场中所占份额过低，没有形成规模；产业发展地区性强；以中小企业为主要组成的环保企业无论是直接融资还是间接融资都十分困难。产生这些问题的原因在于我国资源价格偏低，资源价格难以反映资源的稀缺性和不可逆性，更不具备资源补偿和环境补偿的能力，从而形成环境无价的局面。此外，法律法规不完善、执法监管不严格、存在地方保护等因素导致环保产业不能受市场规律的调控，无法实现资源的最优配置。政府对环保产业发展的财政支持不足，使得以中小企业为主的环保企业在资本市场融资举步维艰，企业难以向技术研发投入更多的资金，加重了环保企业技术水平落后的问题。

沈阳市作为东北老工业基地和装备制造业的中心，既对资源有着巨大的需求，又有大量可利用废旧资源产出，因而发展和壮大沈阳市环保产业，对缓解资源紧张和环境压力是非常具有现实意义的。在政府的指引和支持下，在企业多方合作以及沈阳市市民的共同努力下，沈阳市环保产业将会实现规范化、合理化、规模化的发展。

4

沈阳市环保产业发展现状及潜力分析

4.1 沈阳市环保产业发展状况

4.1.1 产业总体状况

为了解与掌握沈阳市环保产业发展现状，项目组开展了2015年环保产业调查工作。下文相关数据均为通过此次调查获得。

调查显示，2015 年，沈阳市确认从事环保产业的企事业单位共 197 家，其中专业从事环保产业的企事业单位 113 家，兼业从事环保产业的企事业单位 84 家。

2015 年，沈阳市环保产业从业人员达到 11930 人，其中具备职称的专业技术人员 3951 人，具备高级技术职称的专业技术人员 724 人，具备中级技术职称的专业技术人员 1563 人。

2015 年，沈阳市环保产业类企业获得知识产权共 1146 项，其中，发明专利 619 项，实用新型专利 514 项，外观设计专利 13 项；与环境保护有关的知识产权共 382 项，其中，发明专利 86 项，实用新型专利 284 项，外观设计专利 12 项。

2015 年，沈阳市环保产业工业生产总值为 325.54 亿元，占沈阳市 GDP 总量的 4.43%。其中，环境保护产品总产值为 184.22 亿元，环境友好产品总产值为 38.52 亿元，资源循环利用产品总产值为 73.09 亿元，环境服务总合同额为 29.71 亿元；固定资产总额为 282.56 亿元。

2015 年，沈阳市环保产业产品销售产值合计为 80.50 亿元，其中环境保护产品销售产值为 43.93 亿元，环境友好产品销售产值为 3.99 亿元，资源循环利用产品产值为 10.83 亿元，环境服务收入总额为 21.75 亿元。为保证与辽宁省环保产业调查方法与口径相一致，以下分析主要以环保产业产品销售产值为主。2015 年沈阳市环保产业基本状况如表 4-1 所示。

表 4-1　2015 年沈阳市环保产业基本状况

项目	从事环保产业的企事业单位（个）		与环保产业有关的知识产权状况			从事环保产业人数（人）		
	专业从事	兼业从事	发明专利	实用新型专利	外观设计专利	环保产业从业人数	高级职称人数	中级职称人数
合计	113	84	86	284	12	11930	724	1563

项目	环保产业销售产值（亿元）					年内环保产业总注册资本额（亿元）
	总产值	环境保护产品	环境友好产品	资源循环利用产品	环境服务	
合计	80.50	43.93	3.99	10.83	21.75	177.8

4.1.2 四大领域产值构成

如图 4-1 所示，按照生产规模所占份额来看，2015 年沈阳市环保产业四大领域中，环境保护产品生产规模占比 54.6%，环境服务生产规模占比为 27.0%，资源循环利用产品生产规模占比为 13.5%，环境友好产品生产规模占比为 5.0%。

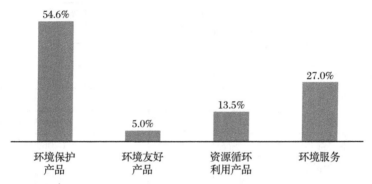

图 4-1　2015 年沈阳市环保产业四大领域生产规模占比

从表 4-2 中可以看出，2015 年沈阳市环保产业行业利润约为 2.91 亿元，行业利润率仅为 3.62%。行业利润主要集中于环境保护产品生产领域和环境服务领域，利润总额分别约为 2.56 亿元和 0.28 亿元，分别约占利润总额的 87.63% 和 9.57%。而环境友好产品和资源循环利用产品生产领域的利润率较低，利润总额分别约为 0.08 亿元和 0.004 亿元，分别约占利润总额的 2.66% 和 0.14%。

表 4-2　2015 年沈阳市环保产业四大领域经营状况

领域	从业单位（个）	从业人员（人）	营业收入（亿元）	营业利润（亿元）	出口额（亿元）
环境保护产品生产	82	4178	43.92976	2.555696	11.4123
环境服务业	70	3285	21.7501	0.2791	0
资源循环利用产品生产	21	454	3.996936	0.00406	0
环境友好产品生产	24	4013	10.8328	0.0775	0
总计	197	11930	80.509596	2.916356	11.4123

（1）环境保护产品生产领域。2015 年，沈阳市从事环境保护产品生产的单位有 82 个，从业人员有 4178 人，实现营业收入约 43.93 亿元，营业利润约 2.56 亿元，出口合同额约 11.41 亿元。从表 4-3 可以看出，无论是营业收入还是营业利润，2015 年沈阳市环境保护产品的生产主要集中于大气污染治理、水污染治理和资源循环利用方面。

表 4-3　2015 年沈阳市环境保护产品生产经营情况

类别	从业单位（个）	从业人员（人）	产品类别（个）	营业收入（亿元）	营业利润（亿元）
水污染治理产品	20	1704	7	11.0199	0.1435
大气污染治理产品	22	623	13	15.3186	0.9103
固体废物处置产品	2	43	2	0.0133	0.0007
噪声与振动控制设备	4	36	3	0.00396	0.000476
环境监测仪器设备	2	26	7	0.020699	0
资源循环利用产品生产设备	10	822	5	14.8276	1.4652
其他	22	924	3	2.7257	0.03552
总计	82	4178	40	43.92976	2.555696

由图 4-2 可知，大气污染治理产品的营业收入所占比例为 34.87%，资源循环利用产品生产设备的营业收入所占比例为 33.75%，水污染治理产品的营业收入所占比例为 25.09%。

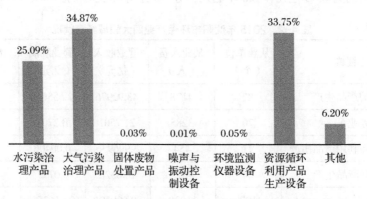

图 4-2　2015 年沈阳市环境保护产品各类别营业收入所占比例

（2）资源循环利用产品生产领域。2015 年，沈阳市从事资源循环利用产品生产的单位有 21 个，从业人员有 454 人，实现营业收入约 3.99 亿元，营业利润约 0.004 亿元。从表 4-4 可以看出，产业"三废"综合利用产品生产类企业数量多，营业收入占比大，但是营业利润少；而再生资源回收利用产品生产类企业数量少，但是营业收入高，且营业利润主要集中于这一类企业。

表 4-4　2015 年沈阳市资源循环利用产品生产经营情况

类别	从业单位 （个）	营业收入 （亿元）	营业利润 （亿元）
矿产资源综合利用产品	1	0.0009	0.00015
产业"三废"综合利用产品	14	1.956936	−0.117385
再生资源回收利用产品	6	2.0391	0.1213
总计	21	3.996936	0.004065

产业"三废"综合利用产品生产类企业的主要服务对象为高污染、高消耗的企事业单位。从表 4-5 中可以看出，2015 年沈阳市从事农林废物资源化利用、废水（液）综合利用、固体废物综合利用及建筑和道路废物综合利用产品生产的单位多，且营业收入主要集中在建筑和道路废物综合利用方面。

表 4-5　2015 年沈阳市产业"三废"综合利用产品各类别营业收入情况

类别	从业单位（个）	营业收入（亿元）
废水（液）综合利用产品	3	0.256936
废气综合利用产品	0	0
其他（固体废物综合利用）产品	3	0.2619
污水处理厂污泥综合利用产品	0	0
生活垃圾资源化利用产品	1	0.2035
农林废物资源化利用产品	5	0.3769
建筑和道路废物综合利用产品	2	0.8577
总计	14	1.956936

从图 4-3 可以看出，建筑和道路废物综合利用产品、农林废物资源化利用产品、固体废物综合利用产品、废水（液）综合利用产品及生活垃圾资源化利用产品的营业收入占比分别为 43.8%、19.3%、13.4%、13.1% 和 10.4%。

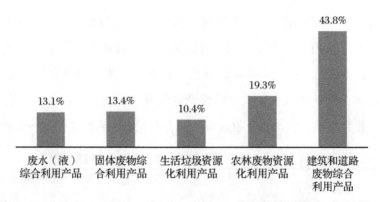

图 4-3　2015 年沈阳市产业 "三废" 综合利用产品各类别营业收入所占比例

（3）环境友好产品生产领域。2015 年，沈阳市从事环境友好产品生产的单位有 24 个，从业人员有 4013 人，实现营业收入约 10.83 亿元，营业利润约 0.08 亿元。

从表 4-6、图 4-4 可以看出，节能产品生产企业数量比较多，从业企业个数占本类别企业的 75%，营业收入占 82.4%，在本类别中占据主导地位。

表 4-6　2015 年沈阳市环境友好产品生产经营情况

类别	从业单位（个）	营业收入（亿元）	营业利润（亿元）
环境标志产品	2	0.6514	0
节能产品	18	8.9279	0.0375
节水产品	2	0.663	0
有机产品	2	0.5905	0.0400
总计	24	10.8328	0.0775

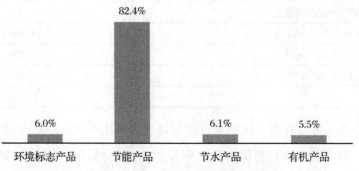

图 4-4　2015 年沈阳市环境友好产品各类别营业收入所占比例

（4）环境服务领域。2015 年，沈阳市环境服务从业单位有 70 个，从业人员有 3285 人，实现营业收入约 21.75 亿元，营业利润约 0.28 亿元。详细情况如表 4-7 所示。

表 4-7　2015 年沈阳市环境服务业经营情况

类别	从业单位（个）	营业收入（亿元）	营业利润（亿元）
污染治理及环境保护设施运行服务	6	1.7099	0.0538
环境工程建设服务	12	5.8207	−0.0230
环境咨询服务	34	12.6501	0.2147
生态修复与生态环境保护	3	1.3096	0
环境监测服务	15	0.2598	0.0336
环境贸易与金融	0	0	0
总计	70	21.7501	0.2791

从图 4-5 可以看出，在环境服务业这一类别中，环境咨询服务类企业营业收入最多，其次为环境工程建设服务类企业，营业收入占比分别为 58.2% 和 26.8%。

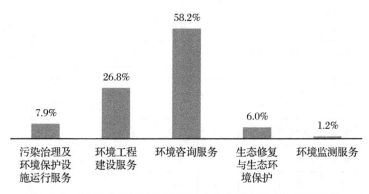

图 4-5　2015 年沈阳市环境服务业各类别营业收入所占比例

4.1.3　区县产值与分布状况

2015 年的调查数据显示，沈阳市环保产业产值在各区县的分布存在差异。

经济技术开发区的环保产业总产值为 32.65 亿元，占沈阳市总产值的 40.6%；铁西区总产值为 10.49 亿元，占总产值的 13%；其他各区总产值及占比情况详见表 4-8 和图 4-6。

表 4-8 2015 年沈阳市环保产业产值区域分布状况

行政区域	环境保护产品生产领域		资源循环利用产品生产领域		环境友好产品生产领域		环境服务领域		合计（亿元）	占比（%）
	销售收入（亿元）	利润总额（亿元）	销售收入（亿元）	利润总额（亿元）	销售收入（亿元）	利润总额（亿元）	销售收入（亿元）	利润总额（亿元）		
经济技术开发区	14.12	0.78	0.90	0.10	10.65	0	6.97	0.34	32.65	40.6
铁西区	1.99	0.003	0	0	0	0	8.49	0.078	10.49	13.0
大东区	4.91	0.30	0.007	0	1.47	0	0.72	0.10	7.10	8.8
沈北新区	0.78	0.087	0.94	−0.15	0.076	0.00	4.79	−0.047	6.58	8.2
沈河区	4.58	0.02	0.02	0.00	0.34	0	1.57	0.026	6.52	8.1
浑南区	1.25	0.14	1.70	0.11	0.85	0	1.51	0.04	5.30	6.6
于洪区	4.00	0.02	0.03	0	0.63	0.05	0.013	0.013	4.67	5.8
和平区	1.14	0.07	0.20	0.008	0.15	0	1.02	0.021	2.51	3.1
法库县	1.68	0.44	0.22	−0.01	0	0	0.36	0.0013	2.26	2.8
皇姑区	0.39	0.06	0.05	0.006	0	0	0.44	0.21	0.88	1.1
新民市	0.08	0.008	0	0	0.38	0.03	0.16	0.02	0.62	0.8
辽中区	0.26	−0.002	0.11	0	0.13	0	0	0	0.50	0.6
苏家屯区	0.02	0	0.18	0	0.09	0	0	0	0.29	0.4
康平县	0	0	0	0	0	0	0	0	0	0

在环境保护产品产值方面，经济技术开发区、大东区、沈河区和于洪区具有一定的优势；在资源循环利用产品产值方面，浑南区、沈北新区和经济技术开发区具有较大优势；在环境友好产品产值方面，经济技术开发区、大东区和

浑南区具有明显优势；在环境服务业产值方面，铁西区、经济技术开发区、沈北新区、沈河区和浑南区具有优势。

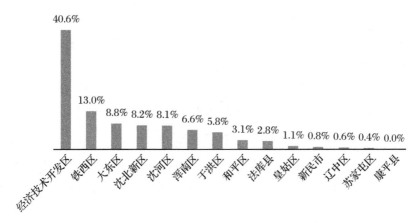

图 4-6　2015 年沈阳市环保产业产值各区域比重

4.1.4　企业规模状况

以年度企业营业收入作为企业规模的标准，达到规模要求的企业就称为规模以上企业。规模以上企业一般对产业发展贡献较大，影响深远。

在 2015 年沈阳市环保产业调查过程中，对环境保护产品生产企业进行了分类统计，如表 4-9 所示。环境保护产品生产企业生产的产品以大气环境治理设备、水环境治理设备为主。

表 4-9　2015 年沈阳市环境保护产品生产企业产值规模分布

企业规模	企业个数（个）	产值合计（亿元）	占产值比重（%）
5000 万元及以上	18	39.65	90.26
1500 万~5000 万元	11	2.89	6.58
1500 万元及以下	53	1.39	3.16
合计	82	43.93	100

资源循环利用产品生产企业的工业总产值为 4 亿元（见表 4-10），其生产以废旧金属、污水再生产品为主，其次为农业废物循环利用产品。

表 4-10　2015 年沈阳市资源循环利用产品生产企业产值规模分布

企业规模	企业个数（个）	产值合计（亿元）	占产值比重（%）
5000 万元及以上	2	2.56	64.00
1500 万 ~ 5000 万元	5	1.21	30.25
1500 万元及以下	14	0.23	5.75
合计	21	4	100

环境友好产品生产企业的工业总产值为 10.80 亿元（见表 4-11），生产的产品主要以节能产品、节水产品、有机食品为主。同时，本次调查中未将节能灯泡、节能电机、节能电器等作为主要调查对象，且有机、绿色产品生产单位也不作为调查重点，因此，本次调查中环境友好产品生产企业的生产总值偏低，企业规模也随之下降。

表 4-11　2015 年沈阳市环境友好产品生产企业产值规模分布

企业规模	企业个数（个）	产值合计（亿元）	占产值比重（%）
5000 万元及以上	8	8.75	81.02
1500 万 ~5000 万元	5	1.53	14.17
1500 万元及以下	11	0.52	4.81
合计	24	10.80	100

环境服务业企业的工业总产值为 21.77 亿元（见表 4-12）。环境服务业企业以环境工程建设、环境咨询、技术服务为主。

表 4-12　2015 年沈阳市环境服务业企业产值规模分布

企业规模	企业个数（个）	产值合计（亿元）	占产值比重（%）
5000 万元及以上	9	17.00	78.09
1500 万 ~5000 万元	14	3.84	17.64
1500 万元及以下	47	0.93	4.27
合计	70	21.77	100

从表 4-9 至表 4-12 可以看出，营业收入在 5000 万元及以上的企业在环保产业内具有举足轻重的作用，其产值规模大，占比均在 64% 以上。可见，

规模比较大的企业对产业的影响较为突出。

4.1.5 产业人员状况

如表 4-13 所示，2015 年，沈阳市环境保护及相关产业从业人员共计 11930 人，技术人员 3951 人，中级职称人员 1563 人，高级职称人员 724 人。其中，环境保护产品生产经营单位从业人员 4178 人，资源循环利用产品生产经营单位从业人员 454 人，环境友好产品生产经营单位从业人员 4013 人，环境服务业生产经营单位从业人员 3285 人。另外，环境保护产品生产、环境服务业不仅从业人员较多，而且技术人员所占比例也高。

表 4-13　2015 年沈阳市环保产业从业人员分布

行业分类	企业个数（个）	从业人数（人）	技术人员（人）	中级职称人员（人）	高级职称人员（人）
环境保护产品生产	82	4178	1119	499	177
环境友好产品生产	24	4013	90	36	21
资源循环利用产品生产	21	454	781	182	119
环境服务业	70	3285	1961	846	407
合计	197	11930	3951	1563	724

4.1.6 产业技术状况

2015 年，沈阳市环保产业知识产权汇总如表 4-14 所示。

表 4-14　2015 年沈阳市环保产业知识产权汇总

单位：件

行业分类	发明专利	实用新型专利	外观设计专利
环境保护产品生产	390	254	7
环境友好产品生产	30	113	5
资源循环利用产品生产	3	9	0
环境服务业	196	138	1
合计	619	514	13

从表 4-15 可以看出，在 197 家环保企业中，有 26 家获得高新技术企业资格，11 家具有国家、省及市重点实验室。从行业分类角度看，环境保护产品生产企业中获得高新技术企业资格的较多，且国家、省及市重点实验室比较多，研发投入也较大。

表 4-15　2015 年沈阳市环保企业重点实验室、高新技术企业情况

行业分类	国家、省及市重点实验室（个）	高新技术企业（个）	研发投入（万元）
环境保护产品生产	6	10	7041.6
环境友好产品生产	2	7	3505.17
资源循环利用产品生产	0	1	474.00
环境服务业	3	8	2427.92
合计	11	26	13448.69

从表 4-16 来看，沈阳市环保产业技术密集度较高，197 家环保企业中 100 家有技术需求。

表 4-16　2015 年沈阳市环保企业技术需求状况

单位：个

技术需求类型	企业数量
水污染治理技术	39
大气污染治理技术	22
固体废物处理处置技术	11
土壤污染治理与修复技术	4
清洁生产技术	6
资源循环与利用技术	7
其他环境治理技术	11
合计	100

从调查结果看，环保企业的技术需求主要集中于水污染治理、大气污染治理、固体废物处理处置这些方面，而当前沈阳市市场急需以下关键技术与产品。

（1）污染防治技术和装备。主要包括大气污染防治技术和设备、水污染防治技术和设备、垃圾无害化处置及资源综合利用技术设备、危险废物与土壤污染治理技术和设备、环境监测仪器和自动监控技术与设备等。

（2）环保产品及材料。主要包括水处理膜材料和膜组件、生物除臭剂、絮凝剂、催化剂、氧化剂、水处理药剂、固废处理剂、抑尘剂、黏合剂、固（脱）硫剂、催化剂、土壤改性剂等。

（3）环保服务。主要包括：环保技术咨询、环境影响评价、环境工程监理、清洁生产审核、环境管理体系认证、环境规划编制等技术与服务；生态环境修复、环境风险与损害评价、排污权交易、绿色认证、环境污染责任保险等新兴环保服务；污染源和环境质量在线监测监控；在线实时监测站点及网络建设。

（4）资源循环利用关键技术。主要包括：废电器电子稀有金属提纯还原技术；废弃线路板拆解清洁生产技术；有色金属回收深加工成套工艺及装备技术；废旧电器电子产品和电路板自动拆解、破碎、分选技术与装备；报废汽车资源化利用技术；废旧设备再制造技术；废橡胶、废塑料资源再生利用技术；矿产资源综合利用技术；固体废物综合利用技术；城市生活垃圾资源化利用技术；水资源节约与利用技术。

（5）农林废物资源化利用技术。主要包括：以农作物剩余物及其他生物质材料为主要原料，生产人造板、生物质燃料，制作生物培养基等技术；规模化畜禽养殖废物资源化利用技术；发酵制饲料、沼气、高效有机肥等技术；薯渣、药渣生产生物有机肥、制备蛋白饲料等资源综合利用技术。

4.1.7 环保产业龙头企业判定

环保产业龙头企业是拥有核心技术、企业规模较大、具有研发能力的领军型企业。对环保产业龙头企业进行判定，并对其产业能力、产品研究与开发强度、产业集聚度等相关因素进行综合判定与评价研究，可以为环保产业发展提供更多精准的政策引导。

龙头企业判定系数 L=0.4a+0.2b+0.3c+0.1d。L 从大到小排列，排名前 10 位的企业为龙头企业。在 L 值的计算过程中，如果 a、b、c、d 有缺项，则企业不能判定为龙头企业。

$$L = 0.4a + 0.2b + 0.3c + 0.1d$$

$$= 0.4 \times \frac{A}{\sum_{i=1}^{n} A_i} + 0.2 \times \frac{nmB}{\sum_{i=1}^{n} B_i} + 0.3 \times \frac{ksfqC}{\sum_{i=1}^{n} C_i} + 0.1 \times \frac{DG}{\sum_{i=1}^{n} D_i C^2}$$

龙头企业判定条件包括：工业生产总值系数 a，权重为 0.4；知识产权系数 b，权重为 0.2；技术产品符合系数 c，权重为 0.3；技术人员产值系数 d，权重为 0.1。

（1）工业生产总值系数 a 的算法。

工业生产总值系数（a）＝企业生产总值／行业生产总值

$$a = \frac{A}{\sum_{i=1}^{n} A_i}$$

其中，A 为企业生产总值；$\sum_{i=1}^{n} A_i$ 为行业生产总值。

（2）知识产权系数 b 的算法。

知识产权系数（b）＝企业知识产权数 × 高新技术企业系数 × 国家（省、市）重点实验室系数／知识产权总数

$$b = \frac{nmB}{\sum_{i=1}^{n} B_i}$$

其中，B 为企业获得的知识产权数量；$\sum_{i=1}^{n} B_i$ 为环保产业所有企业获得的知识产权数量；n 为高新技术企业系数，高新技术企业的系数为 1.5，非高新技术企业的系数为 1；m 为企业重点实验室系数，企业无重点实验室时为 1，有 1 个重点实验室时为 1.5，有 2 个重点实验室时为 3，以此类推。

（3）技术产品符合系数 c 的算法。

技术产品符合系数（c）＝填报产品数 × 污水治理技术或产品数量 × 大气环境治理技术或产品数量 × 环保技术服务次数 × 其他环保技术或产品数量／产品总数

$$c = \frac{ksfqC}{\sum_{i=1}^{n} C_i}$$

其中，C 为企业填报产品数；$\sum_{i=1}^{n} C_i$ 为环保产业所有企业填报产品总数；k 为企业拥有的污水治理技术或产品数量；s 为企业拥有的大气环境治理技术或产品数量；f 为企业提供的环保技术服务次数；q 为企业拥有的其他环保技术或产品数量。

（4）技术人员产值系数 d 的算法。

技术人员产值系数（d）＝（企业人均产值 × 技术人员数）／（产业人均产值 × 从业人数）

$$d = \frac{DG}{\sum_{i=1}^{n} D_i C^2}$$

其中，D 为企业人均产值；G 为技术人员个数；$\sum_{i=1}^{n} D_i$ 为环保产业所有企业人均产值；C 为产业从业人数。

将产业调查数据输入公式进行计算后，得到沈阳市环保产业四大类别企业的 L 值，按照从大到小的顺序排列，根据需要取前 5 位或前 3 位为龙头企业。具体结果如表 4-17 ~ 表 4-20 所示。

表 4-17　2015 年沈阳市环境保护产品生产龙头企业

类别	序号	企业名称
环境保护产品生产（>2 亿元）	1	北方重工集团有限公司
	2	沈阳远大环境工程有限公司
	3	赛莱默水处理系统（沈阳）有限公司
	4	沈阳清井环保机械工程有限公司
	5	沈阳光大环保科技股份有限公司

表 4-18 2015 年沈阳市资源循环利用产品生产龙头企业

类别	序号	企业名称
资源循环利用产品生产 （>2000 万元）	1	沈阳天源水处理有限公司
	2	阿兹亚再生能源（沈阳）有限公司
	3	辽宁赢普节能服务有限公司

表 4-19 2015 年沈阳市环境友好产品生产龙头企业

类别	序号	企业名称
环境友好产品生产 （>6000 万元）	1	沈阳华利能源设备制造有限公司
	2	沈阳昊诚电气股份有限公司
	3	睿能太宇（沈阳）能源技术有限公司
	4	瓦克华磁性材料（沈阳）有限公司
	5	沈阳华创风能有限公司

表 4-20 2015 年沈阳市环境服务业龙头企业

类别	序号	企业名称
环境服务业 （>2000 万元）	1	辽宁奇威特能源科技有限公司
	2	国电东北环保产业集团有限公司
	3	沈阳赛思环境工程设计研究中心有限公司
	4	辽宁省环保集团有限责任公司
	5	中国能源建设集团辽宁电力勘测设计院有限公司

4.2 比较分析

4.2.1 总体情况比较分析

由于受调查方法不同的影响，2015 年沈阳市环保产业的总产值和从业人数与 2011 年相比发生了较大变化。具体如表 4-21 所示。

表 4-21 2004—2015 年沈阳市环保产业基本情况

项目	固定资产（亿元）	产值（亿元）	从业单位（个）	从业人员（人）
2004 年	204.51	140.07	254	25135
2006 年	42.92	264.17	336	15857
2008 年	1143.21	303.07	355	30276
2010 年	2975.58	374.87	228	41923
2011 年	1536.50	499.64	205	51026
2015 年	177.8	80.5	197	11930

造成这种变化的主要原因如下：①调查方法存在差异，环保产业的划分标准更严格了；②本次调查中，节能产品生产类企业不再是调查重点对象；③数据审核更趋严格，产值、人员等仅计算与环保产业密切相关的部分。

本次调查本着实事求是的原则，调查数据反映了沈阳市环保产业发展的现状。

4.2.2 产值情况比较分析

通过表 4-22 可以看出，2015 年沈阳市环境保护产品产值、环境友好产品产值、环境服务业产值与 2011 年相比差异较大。但是，环境保护产品产值、环境服务业产值的占比均有明显的提高，这在一定程度上说明沈阳市环保产业的发展质量和产业格局得到了提升。

表 4-22 2004—2015 年沈阳市环保产业产值结构变化

项目		环境保护产品	环境友好产品	资源循环利用产品	环境服务业
2004 年	产值（亿元）	8.61	111.05	16.48	2.10
	占比（%）	6.23	80.33	11.92	1.52
2006 年	产值（亿元）	2.52	128.72	32.81	0.29
	占比（%）	1.53	78.33	19.96	0.18
2008 年	产值（亿元）	58.08	193.29	44.69	7.01
	占比（%）	19.16	63.78	14.75	2.31

续表

项目		环境保护产品	环境友好产品	资源循环利用产品	环境服务业
2010年	产值（亿元）	67.47	247.99	49.78	9.63
	占比（%）	18.00	66.15	13.28	2.57
2011年	产值（亿元）	78.84	359.71	47.46	13.62
	占比（%）	15.78	72.00	9.50	2.73
2015年	产值（亿元）	43.93	21.75	3.99	10.83
	占比（%）	54.60	4.96	13.46	27.03

通过表 4-23 可以看出，与 2011 年相比，2015 年沈阳市水污染治理设备产值所占比重下降，大气污染治理设备产值所占比重升高，资源循环利用产品生产设备产值所占比重大幅度提高。

表 4-23　2004—2015 年沈阳市环境保护产品产值构成

项目		水污染治理设备	大气污染治理设备	固体废物治理设备	噪声治理设备	环境监测仪器	药剂材料	资源循环利用产品生产设备	其他产品
2004年	产值（亿元）	4.41	2.59	0.22	1.98	0.094	0.057	—	3.21
	占比（%）	35.12	20.59	1.74	15.75	0.74	0.45	—	25.58
2006年	产值（亿元）	2.52	0.34	—	—	—	—	—	—
	占比（%）	88.00	12.00	—	—	—	—	—	—
2008年	产值（亿元）	53.27	2.28	0.28	0.52	1.51	0.21	—	—
	占比（%）	91.72	3.93	0.49	0.9	2.61	0.35	—	—
2010年	产值（亿元）	22.04	44.65	0.22	0.003	0.39	0.16	—	—
	占比（%）	32.67	66.18	0.32	0.01	0.58	0.24	—	—
2011年	产值（亿元）	62.98	13.15	2.32	—	—		0.031	0.96
	占比（%）	80.17	15.63	2.95	—	—		0.04	1.22
2015年	产值（亿元）	11.02	15.32	0.001	0.004	0.02		14.82	2.73
	占比（%）	25.09	34.88	0.002	0.009	0.004	—	33.74	6.22

通过表 4-24 可以看出，与 2011 年相比，2015 年沈阳市节能产品产值所占比重大幅提升，环境标志产品产值所占比重有了明显的下降。

表 4-24　2004—2015 年沈阳市环境友好产品产值构成

项目		环境标志产品	节能产品	节水产品	有机产品	可降解产品	低噪产品	环保锅炉
2004 年	产值（亿元）	105.27	0.35	3.58	—	0.026	0.21	0.079
	占比（%）	96.12	0.32	3.27	—	0.02	0.19	0.07
2006 年	产值（亿元）	100.70	18.75	5.31	2.81	—	0.54	0.62
	占比（%）	78.23	14.57	4.12	2.18	—	0.42	0.48
2008 年	产值（亿元）	153.90	10.45	5.00	0.0042	0.027	16.79	7.10
	占比（%）	79.63	5.41	2.59	0.002	0.01	8.69	3.67
2010 年	产值（亿元）	201.24	22.17	—	—	—	23.16	1.42
	占比（%）	81.15	8.94	—	—	—	9.34	0.57
2011 年	产值（亿元）	161.92	130.37	15.92	33.23	—	—	—
	占比（%）	47.42	38.18	4.66	9.73	—	—	—
2015 年	产值（亿元）	0.65	8.93	0.66	0.59	—	—	—
	占比（%）	6.00	82.46	6.09	5.45	—	—	—

通过表 4-25 可以看出，2015 年沈阳市产业"三废"综合利用产品与再生资源回收利用产品产值各占资源循环利用产品产值的一半左右。

表 4-25　2004—2015 年沈阳市资源循环利用产品产值构成

项目		矿产资源综合利用产品	产业"三废"综合利用产品	再生资源回收利用产品
2004 年	产值（亿元）	0.81	8.45	7.22
	占比（%）	4.91	51.26	43.83
2006 年	产值（亿元）	30.89	1.93	—
	占比（%）	94.12	5.88	—
2008 年	产值（亿元）	16.64	18.01	10.04
	占比（%）	37.23	40.3	22.47
2010 年	产值（亿元）	25.47	2.15	22.16
	占比（%）	51.17	4.32	44.51
2011 年	产值（亿元）	35.24	1.46	10.75
	占比（%）	74.25	3.07	22.64
2015 年	产值（亿元）	0.00	1.96	2.04
	占比（%）	0	49	51

通过表 4-26 可以看出，2015 年沈阳市环境服务业调查的范围有所变化。与 2011 年相比，环境工程建设和环境工程咨询产值比重大幅增加，但污染治理及设施运营服务产值比重有所下降。

表 4-26　2004—2015 年沈阳市环境服务业产值构成

项目		技术研发	环评与监理	环境工程建设	环境工程咨询	污染治理及设施运营服务	监测与信息服务	其他环境服务
2004 年	产值（亿元）	0.07	—	1.40	0.38	0.25	—	—
	占比（%）	3.33	—	66.67	18.10	11.90		
2006 年	产值（亿元）	0.59	14.01	0.29	0.29	0.08		
	占比（%）	3.87	91.81	1.90	1.90	0.52		
2008 年	产值（亿元）	0.87	0.21	3.65	1.38	0.91		
	占比（%）	12.33	3.06	51.99	19.71	12.91		
2010 年	产值（亿元）	2.49	0.03	1.97	0.96	4.17		
	占比（%）	25.90	0.36	20.47	9.94	43.34	—	—
2011 年	产值（亿元）	2.01	1.15	0.59	2.82	4.58	0.50	1.62
	占比（%）	15.15	8.67	4.45	21.25	34.51	3.77	12.21
2015 年	产值（亿元）	—	—	5.82	12.65	1.71	0.26	1.31
	占比（%）	—	—	26.76	58.16	7.86	1.19	6.02

4.2.3　企业规模比较分析

通过表 4-27 可以看出，2015 年沈阳市环保企业总体数量相比往年略有降低。与 2011 年相比，规模在 5000 万元及以上的企业增多，其他规模的企业明显减少。

表 4-27　2004—2015 年沈阳市不同规模环保企业数量

规模	2004 年	2006 年	2008 年	2010 年	2011 年	2015 年
5000 万元及以上	37	36	38	53	35	37
1500 万 ~5000 万元	19	25	29	29	40	35
1500 万元及以下	198	275	288	146	130	125
合计（个）	254	336	355	228	205	197

4.3 沈阳市环保产业政策环境分析

4.3.1 沈阳市环保产业政策基础

在环保产业发展的不同阶段，其驱动因素的作用是不同的。在环保产业发展的初期，实施严格的环保标准和法律法规是促进环保产业发展的主动力。这一阶段，环保产业发展的动力还包括公众的环境保护意识以及环保企业的社会责任。公众的环保意识及水平在一定程度上影响着环保政策的制定和实施效果；反过来，正确的环保政策能够充分引导社会舆论及个人行为朝着有利于环境保护的方向发展，从而强化社会公众的环保意识。到了环保产业发展的成熟时期，环保产业发展的动力在于市场的经济手段。在环保产业发展过程中，应采用多种经济手段来补充法律、法规，从而刺激企业达到环保标准并遵守环保法律。在这一阶段，由于法律、法规体系比较完善，较少或没有新的法律、法规出台，所以法律、法规对环保产业的推动作用会逐渐减弱。

沈阳市作为辽宁省中部城市群和东北老工业基地的核心，在为我国经济发展做出巨大贡献的同时，也对生态环境的恶化负有责任。如何发展沈阳市环保产业，以及在其现有发展上如何进一步提高产业竞争力，势必成为沈阳市环保产业发展的研究重点。目前来看，在沈阳市环保产业现有的发展水平上，借鉴国内外成功经验，提高政府规制的有效性，是提高沈阳市环保产业竞争力的现实要求。

环保产业是近年来获得政策支持最多的行业之一，随着《大气污染防治行动计划》和《城镇排水与污水处理条例》等利好政策的相继出台，沈阳市环保产业产销规模整体保持较快增长。下面来汇总一下 2013—2016 年我国出台的环保产业政策。

4.3.1.1　2013 年我国环保产业相关政策

2013 年，政府部门对环保产业的支持力度较大，具体如下。

1 月 2 日，国务院办公厅发布《实行最严格水资源管理制度考核办法》。

1 月 23 日，国务院办公厅发布《近期土壤环境保护和综合治理工作安排》。

1 月 23 日，国务院发布《循环经济发展战略及近期行动计划》。

4 月 27 日，国家发展改革委发布《关于推动碳捕集、利用和封存试验示范的通知》。

5 月 14 日，国家发展改革委、农业部、原环境保护部三部委联合发布《关于加强农作物秸秆综合利用和禁烧工作的通知》。

8 月 1 日，国务院发布《关于加快发展节能环保产业的意见》。

8 月 27 日，国家发展改革委发布《关于调整可再生能源电价附加标准与环保电价有关事项的通知》。

9 月 10 日，国务院发布《大气污染防治行动计划》。

10 月 2 日，国务院发布《城镇排水与污水处理条例》。

10 月 15 日，国家发展改革委办公厅发布《关于印发首批 10 个行业企业温室气体排放核算方法与报告指南（试行）的通知》。

11 月 3 日，国家发展改革委、能源局发布《关于切实落实气源和供气合同 确保煤改气有序实施的紧急通知》。

11 月 11 日，国务院发布《畜禽规模养殖污染防治条例》。

11 月 26 日，国家发展改革委、能源局发布《关于调查"煤改气"及天然气供需情况的通知》。

2013 年公布的《中共中央关于全面深化改革若干重大问题的决定》明确指出，建设生态文明，必须建立系统完整的生态文明制度体系，实行最严格的源头保护制度、损害赔偿制度、责任追究制度，完善环境治理和生态修复制度，用制度保护生态环境。

4.3.1.2　2014 年我国环保产业相关政策

为加快推进京津冀及周边地区大气污染综合防治工作，促进区域大气环境质量持续改善，2014 年 1 月 3 日，工业和信息化部发布了《京津冀及周边地区重点工业企业清洁生产水平提升计划》。该计划提出，坚持源头减量、全过程控制原则，以削减二氧化硫、氮氧化物、烟（粉）尘和挥发性有机物产生量和控制排放量为目标，充分发挥企业主体作用，加强政策引导和支持，推广采用先进、成熟、适用的清洁生产技术和装备，加快推进重点行业和关键领域工业企业实施清洁生产技术改造，促进技术升级与产业结构调整相结合，全面提升京津冀及周边地区工业企业清洁生产水平，确保完成行业排污强度下降目标，促进区域环境大气质量持续改善。

2014 年 3 月 21 日召开的节能减排及应对气候变化工作会议强调，要积极发展清洁能源和节能环保产业，必须用硬措施完成节能减排硬任务。要强化责任，把燃煤锅炉改造、电厂脱硫脱硝除尘等任务指标分解到各地区，对完不成任务的，要加大问责力度。

4.3.1.3　2015 年我国环保产业相关政策

2015 年可谓环保领域的"政策年"，一系列环保利好政策密集出台，环保产业迎来发展黄金期。

2014 年 4 月 24 日，第十二届全国人大常委会第八次会议表决通过了《环保法修订案》，新环保法于 2015 年 1 月 1 日施行。新环保法新增"按日计罚"的制度，罚不封顶，倒逼企业纠正污染行为。新环保法是一部"长牙齿"的法律，号称史上最严环保法，为我国环保事业开启了新篇章。

2015 年 2 月 5 日，原环境保护部印发《关于推进环境监测服务社会化的指导意见》。意见提出，全面放开服务性监测市场，有序放开公益性、监督性监测领域。这是对国务院办公厅发布的《关于政府向社会力量购买服务的指导意见》在环境监测领域的细化。从此之后，各级政府纷纷开始尝试，我国环境监测领域第三方运营事业发展步伐明显加快。

2015 年 4 月 16 日，国务院发布《水污染防治行动计划》，要求到 2020 年，全国水环境质量得到阶段性改善；到 2030 年，力争全国水环境质量总体改善，水生态系统功能初步恢复。

2015 年 5 月 19 日，工业和信息化部发布《钢铁行业规范条件（2015 年修订）》，要求钢铁企业配套建设污染物治理设施，实施在线自动监控系统等，并与地方环保部门联网。企业要接受环保监测，定期形成监测报告。

2015 年 7 月 26 日，国务院办公厅发布《生态环境监测网络建设方案》。方案提出，到 2020 年，全国生态环境监测网络基本实现环境质量、重点污染源、生态状况监测全覆盖，各级各类监测数据系统互联共享，监测预报预警、信息化能力和保障水平明显提升，监测与监管协同联动，初步建成陆海统筹、天地一体、上下协同、信息共享的生态环境监测网络，使生态环境监测能力与生态文明建设要求相适应。

2015 年 8 月 17 日，中共中央办公厅、国务院办公厅印发《党政领导干部生态环境损害责任追究办法（试行）》。该办法指出，为贯彻落实党的十八大和十八届三中、四中全会精神，加快推进生态文明建设，健全生态文明制度体系，强化党政领导干部生态环境和资源保护职责，根据有关党内法规和国家法律法规，实行党政领导干部生态环境损害责任追究，坚持依法依规、客观公正、科学认定、权责一致、终身追究的原则。

2015 年 8 月 29 日，《中华人民共和国大气污染防治法》由第十二届全国人民代表大会常务委员会第十六次会议修订通过，并自 2016 年 1 月 1 日起施行。《大气污染防治法》以改善大气环境质量为目标，坚持源头治理，规划先行，转变经济发展方式，优化产业结构和布局，调整能源结构。

2015 年 9 月 11 日，中共中央政治局会议审议通过了《生态文明体制改革总体方案》，提出六个理念、六项原则、八类制度，以加快推进生态文明建设。

2015 年 10 月 29 日，中国共产党第十八届中央委员会第五次全体会议通过了《中共中央关于制定国民经济和社会发展第十三个五年规划的建议》。其中，首次将生态文明建设写入五年规划，以改善环境质量为核心，推进绿色发展。随着环保标准的趋严以及"十三五"规划对我国环境改善提出了更高要求，未来环保各领域均有放量增长的巨大潜力，政策推动下的环保产业在

"十三五"期间将处于高速发展期。

4.3.1.4 2016年我国环保产业相关政策

如果说2015年是环保政策"元年",那2016年一定可以称得上是环保政策的爆发年。这一年中,"土十条"、新版危废名录、排污权改革、环保税等各层面的立法工作顺利推进,收获颇丰。

2016年5月28日,国务院印发了《土壤污染防治行动计划》(简称"土十条")。根据"土十条",到2020年,土壤污染加重趋势将得到初步遏制,土壤环境质量总体保持稳定;到2030年,土壤环境风险得到全面管控;到2050年,土壤环境质量全面改善,生态系统实现良性循环。"土十条"还对土壤安全利用提出了具体要求,明确指出重度污染的土壤严禁种植食用农产品。这一计划的发布可以说是土壤修复事业的里程碑事件。

2016年6月12日,原环境保护部网站发布《水污染防治法(修订草案)》(征求意见稿)及其编制说明。这是《水污染防治法》施行8年以来的首次大规模修订。《水污染防治法(修订草案)》(征求意见稿)秉承坚持继承、坚持创新、坚持协调、坚持落地的原则,对现行法规进行了一系列修订。修订工作以水环境质量改善为核心,坚持保护优先、预防为主、综合治理、统筹协调,系统考虑水资源、水环境和水生态,兼顾地表水与地下水,综合运用行政、司法、经济等多种手段。

2016年6月14日,原环境保护部联合国家发展改革委、公安部向社会发布《国家危险废物名录》(2016年版)。新版名录的修订坚持问题导向,遵循连续性、实用性、动态性等原则,将危险废物调整为46大类别479种(其中,362种来自原名录,新增117种),增加了《危险废物豁免管理清单》。新版名录的发布和实施将推动危险废物科学化和精细化管理,对防范危险废物环境风险、改善生态环境质量将起到重要作用。

2016年7月8日,工业和信息化部、财政部发布了《重点行业挥发性有机物削减行动计划》。根据该计划,到2018年,工业行业挥发性有机物(VOCs)排放量比2015年减少330万吨以上,减少苯、甲苯、二甲苯、二甲基甲酰胺（DMF）等溶剂、助剂使用量 20% 以上，低（无）VOCs 的绿色农药制剂、涂料、油墨、胶黏剂和轮胎产品的比例分别达到 70%、60%、70%、85% 和 40% 以上。该计划提出，要实施原料替代工程、工艺技术改造工程、回收及综合治理工程。

2016 年 7 月 15 日，原环境保护部发布《"十三五"环境影响评价改革实施方案》，提出要以改善环境质量为核心，以全面提高环评有效性为主线，以创新体制机制为动力，以"生态保护红线、环境质量底线、资源利用上线和环境准入负面清单"为手段，强化空间、总量、准入环境管理，划框子、定规则、查落实、强基础，不断改进和完善依法、科学、公开、廉洁、高效的环评管理体系。

2016 年 8 月 29 日，由财政部、税务总局、原环境保护部三部门共同起草的《环境保护税法》草案，在第十二届全国人大常委会第二十二次会议上通过了初次审议，草案提出在我国开征环境保护税。环境保护税在制度设计上吸收和借鉴了排污费制度的内容，同时，结合排污费制度在实际运行中暴露出的一些问题、收费改为税收的性质转变在征收管理方面的变化以及国家在环境保护调控上的需要，在相关制度上进行了必要调整和改革。

2016 年 9 月 14 日，中共中央办公厅、国务院办公厅印发了《关于省以下环保机构监测监察执法垂直管理制度改革试点工作的指导意见》。该文件明确了省以下环保机构监测监察执法垂直管理制度改革试点工作的指导思想和基本原则，要求强化地方党委和政府及其相关部门的环境保护责任，从四个方面提出了调整地方环境保护管理体制的措施，还就规范和加强地方环保机构和队伍建设、建立健全高效协调的运行机制、落实改革相关政策措施、加强组织实施等方面提出了要求。

2016 年 9 月 22 日，国家发展改革委、原环境保护部印发了《关于培育环境治理和生态保护市场主体的意见》，旨在加快培育环境治理和生态保护市场主体，推进供给侧结构性改革，提供更多优质的生态环境产品。该文件提出三大目标，具体如下。①市场供给能力增强。环保技术装备、产品和服务基本满足环境治理需要，生态环保市场空间有效释放，绿色环保产业不断增长，产值年均增长 15% 以上。到 2020 年，环保产业产值超过 2.8 万亿元。②市场主体逐步壮大。培育 50 家以上产值过百亿的环保企业，打造一批技术领先、管理精细、综合服务能力强、品牌影响力大的国际化环保公司，建设一批聚集度高、优势特征明显的环保产业示范基地和科技转化平台。③市场更加开放。到 2020 年，环境治理市场全面开放，政策体系更加完善，环境信用体系基本建立，监管更加有效，市场更加规范公平，生态保护市场化稳步推进。

2016 年 11 月 6 日，住房城乡建设部、国家发展改革委、原国土资源部、原环境保护部联合印发《关于进一步加强城市生活垃圾处理工作的意见》。该文件提出，要加强焚烧设施规划选址管理，将垃圾焚烧项目用地纳入城市黄线保护范围，强化规划刚性，严禁擅自占用或者随意改变用途，严格控制设施周边的开发建设活动。根据焚烧厂服务区域现状和预测的垃圾生产量，适度超前确定设施处理规模，推进区域性垃圾焚烧飞灰配套处置工程建设。此外，该文件对现有垃圾焚烧厂提出要针对技术工艺、设施设备运行管理开展专项整治，对整治后不能达标排放的将依法关停处理。

2016 年 11 月 10 日，国务院办公厅印发《控制污染物排放许可制实施方案》，明确到 2020 年完成覆盖所有固定污染源的排污许可证核发工作，建立控制污染物排放许可制，实现"一证式"管理。该方案提出，要衔接整合相关环境管理制度，将控制污染物排放许可制建设成为固定污染源环境管理的核心制度。通过实施控制污染物排放许可制，实行企事业单位污染物排放总量控制制度，实现由行政区域污染物排放总量控制向企事业单位污染物排放总量控制转变。根据该方案，将分行业推进排污许可管理，逐步实现排污许可证全覆盖。率先对火电、造纸行业企业核发排污许可证，2017 年完成《大气污染防治行动计划》和《水污染防治行动计划》重点行业及产能过剩行业企业排污许可证核发，2020 年全国基本完成排污许可证核发。

4.3.2 政策领域对环保产业发展的约束性

通过文献分析发现，地方政府的环境立法和环境执法努力均对环保产业发展具有显著的促进效应，且环境立法促进作用的发挥受到环境执法努力的影响，环境执法努力的促进作用也依赖于完善的环境立法。此外，环境压力、环境意识、经济发展水平以及国有经济比重等是影响地方政府环境执法努力的主要因素。

我国现行的环境保护法律法规体系存在明显落后和不全面的问题，法律法规不能适应现阶段治理复杂环境污染的形势和建设生态文明社会的需要。法律法规、标准规范和产业政策对环保产业发展的引导和促进作用不足，在一定程度上制约了环保产业的发展。

4.3.2.1 环境保护法律法规体系建设

我国现行的大部分环境保护法律法规、标准规范和产业政策的制定和出台时间均较早，很多内容已不适应现阶段环境保护的要求。特别是在我国市场经济体制不断深化、人们生产和生活方式发生巨大变化的情况下，出现了很多新的环境污染问题，导致现有的环境保护法律法规、标准规范和产业政策难以发挥全面有效的规范和约束作用。因此，需要根据经济社会的发展变化实际及时调整和完善，积极发挥其促进产业发展的作用。

4.3.2.2 环境保护法律法规体系设计理念

我国现行的大部分环境保护法律法规、标准规范和产业政策的设计理念来源于环境污染"末端治理"思想。虽然"末端治理"模式在我国治理环境污染的历程中起到了一定作用，但并不适用于我国当前走可持续发展道路、建设"两型社会"和生态文明社会的需要。"末端治理"实际上是一种事后救济手段，是初级的环境保护思想，局限于对问题的解决而不是预防，不能达到全面维持和增进环境质量的目的。此外，对于剧毒化学污染等复杂环境污染开展的"末端治理"无济于事，因为破坏掉的生态环境很难修复，治理成本不可估量。鉴于此，环境保护法律法规体系设计理念应吸收环境污染"源头治理"思想，真正发挥防范潜在环境污染的未雨绸缪作用，促进环境污染防治工作重点由"治"转"防"。

4.3.2.3 环境保护法律法规体系实践

现有环境保护法律法规体系对于污染控制多遵循"点源控制"的原则，在实践操作中很难有效控制除生产环节和排放环节以外的污染，例如，很少有法律约束消费环节的污染。对于环境污染和治理责任的认定还基于"谁污染，谁治理"的指导思想，具体法律实践仍以行政处罚为主。虽然这种方式可以让污染者付出一定的代价，但也会引起罚款是否能抵消环境负价值、污染的环境谁来治理等疑问，而且这种方式也没有起到引导全社会共同参与环境保护的作用。从环境保护法律法规体系运行机制来看，国家目前还没有出台专门的规范环保产业发展的法律法规和相关引导性文件，颁布的一些涉及环保产业的条款也只是包括在综合环境保护法律法规或相关的产业发展政策中，内容分散、不全面、不系统。而且，现有的环境保护法律法规体系缺乏相应的配套执法手段，导致执法力度不强。此外，部分环境保护法律法规之间存在着相互矛盾的现象，执法标准不一，不能真正发挥规范作用。

环境保护法律法规能够从技术动力、产业结构、价格机制、竞争机制等入手，影响环保产业的发展进程。严格的环境保护法律法规对社会经济发展具有约束作用，从而提升市场对环保设备和服务的需求，开启环保产业的快速发展周期。

4.4 沈阳市环保产业市场分析——外部需求

4.4.1 环保政策约束性分析

法律环境和政治环境影响和约束着环保企业的发展。法律环境包括宪法、法律、行政法规、地方性法规、部门规章、国际条约和执法机构等因素。政治环境包括政体制度、权力机构设置、执行的方针政策等因素。法律和政治因素提供了市场运作规则，将影响环保企业的生存环境。国家有稳定的政局和良好的法治环境，将非常有利于环保企业的生存和发展。

随着我国经济的高速发展，环境遭到了不同程度的破坏，大气污染、水质污染、土壤污染等问题突出。因此，我国于2015年1月1日起实施新的《环境保护法》，以完善环保法制建设。"十二五"规划把环保产业发展作为新兴产业发展的重要内容，这成为推动环保产业发展的动力和非常重要的政策导向。《国务院关于加快培育和发展战略性新兴产业的决定》确定新一代信息技术、生物、节能环保、新能源汽车、高端装备制造、新材料和新能源七个产业为战略性新兴产业。根据该决定，预计到2020年，新一代信息技术、生物、节能环保、高端装备制造产业将成为国民经济的支柱产业，新能源汽车、新材料、新能源产业将成为国民经济的先导产业。由此可见，环保产业在新兴产业中具有重要地位。

从国内外典型国家和地区环保产业发展的经验来看，政府在环保产业的发展进程中扮演了重要角色。政府对环保产业发展的影响可以归纳为引导、支持和监督管理。在评价政府行为对环保产业发展的影响时，主要从政府对环保产业的引导行为、规制行为两方面来衡量。政府对环保产业的引导行为主要体现在环保投资上；而规制行为则体现为环保标准的发布和排污费的收取，其中排污费的收取是现阶段最直接、见效最快的规制手段。

据业内人士预测，"十三五"期间，我国环保产业社会总投资有望达到17万亿元。具体来看，土壤污染修复投资需求最大，约有10万亿元，水污染处理大概在2万亿元，大气污染治理则在1.7万亿元左右。尽管"十三五"期间环保投资比"十二五"期间有很大提升，但仍有近七成环保领域的治理需求未得到满足，未来还有增长空间。

4.4.2　北方供暖区域对大气环境治理的需求

在我国，冬季主要利用市政热力管网、区域锅炉、中央空调系统以及地热等作为供热热源。集中供热在我国起步较晚，基础比较薄弱，但随着国家越来越重视供热节能，集中供热发展变得十分迅速，规模和技术日渐成熟。如今，集中供热已成为我国北方主要的供热模式，主要包括热电联产以及区域锅炉房供热。还有其他一些供热模式，诸如中央空调、燃气壁挂炉等。相关数据显示，热电联产以及区域锅炉房的热供给量已经占到了集中供热总量的98%以上，其他小型供热方式逐渐被取代。集中供热的能源结构也已经出现了一系列变化，在传统以燃煤为主的供热模式的基础上，天然气、电能以及一些可再生能源应用于供热的比例开始逐步提高。然而，随着我国城镇化的发展，由供热所带来的环境问题越发引起人们的关注。在过去很长一段时间里，无论是独立供热还是集中供热，都采用燃煤锅炉，但由于锅炉的效率以及燃烧的方式等因素影响，燃煤所产生的诸多污染物对环境和人类健康造成了极其严重的危害。例如，燃煤锅炉排放出来的一氧化碳、二氧化硫、氮氧化物、烟尘等污染物质，严重影响着人类的健康；燃煤锅炉产生的二氧化碳，则对全球变暖起着不容忽视的作用；燃煤锅炉排放出来的细颗粒物以及由此带来的雾霾天气，严重影响着人类的健康以及正常出行。

据统计，2012年全国产生的废气污染物中，二氧化硫排放量达到2117.68万吨，氮氧化物达到2337.76万吨，烟尘和粉尘达到1235.77万吨。由于发展程度不同，技术水平参差不齐，各地废气污染物的排放量也有着很大的不同。表4-28为2012年北方地区废气污染物的排放情况。

表4-28　2012年北方地区废气污染物的排放情况

单位：万吨

地区	二氧化硫	氮氧化物	烟尘和粉尘
辽宁	105.87	103.69	72.36
河北	134.12	176.11	123.59
北京	9.38	17.75	6.68
天津	22.45	33.42	8.41
吉林	40.35	57.59	26.48
黑龙江	51.43	78.06	69.93

续表

地区	二氧化硫	氮氧化物	烟尘和粉尘
内蒙古	138.49	141.89	83.3
山西	130.18	124.40	107.09
陕西	84.38	80.81	46.21

资料来源：《中国环境统计年鉴（2012）》。

鉴于传统燃煤锅炉带来的一系列问题，人类为了更好地利用自然资源并保护环境，针对冬季供暖方式的改进与变革进行了诸多探索，并呈现多样化的发展趋势。

因此，北方供暖区域对大气污染防治设备与产品的需求比较大，包括：电除尘器、袋式除尘器和电袋复合除尘器；低温电除尘、低低温电除尘、湿式电除尘、移动电极式电除尘、机电多复式双区电除尘、三氧化硫烟气调质、粉尘凝聚、三相电源、高频电源、高频脉冲电源及控制等电除尘新技术与产品；火电厂烟气脱硫、脱硝、除尘产品；原煤散烧治理技术与产品；等等。

4.4.3 沈阳市水、土环境治理市场需求

4.4.3.1 沈阳市水污染治理市场需求

沈阳市城市地表水污染加剧，表现为主要污染指标居高不下，城市周边的地表水、岸边污染地带等受到污染的情况仍未得到解决或缓解。地下水也同样存在不容乐观的问题。

沈阳市用水量逐年提高，2015年，用水总量达到186342.48万吨，与2010相比增加了37.5%。其中，工业用水总量为140759.06万吨，生活用水总量为45583.42万吨，与2010年相比分别增加53.0%和4.7%。另外，2015年工业新鲜用水量为22206.51万吨，相比2010年增加130.2%。沈阳市共有7家废水国家重点监控企业，7个废水监测点位。当前，城市生活污水与工业污水仍然是水环境污染的主要源头。其他污染源的负面影响也需要引起人们的重视，如城市中固体废物乱抛、农药滥用所引发的城市水污染问题。

市场需求主要表现在供水、污水处理、水处理设备与产品等方面，具体包括：膜材料开发、膜生物反应器研制和工程化应用产品；物化－生化法脱氮除磷工艺与产品；臭氧氧化技术及大型臭氧发生器、好氧生物流化床成套装置、好氧膜生物反应器成套装置、溶气供氧生物膜与活性污泥法复合成套装置、曝气生物滤池，以及污泥床、膨胀床复合厌氧成套装置等新设备、新装备等；工业废水处理 FMBR 膜生物技术、厌氧生物滤池和厌氧膨胀床等；潜水污水泵、新型曝气设备、污泥处理处置等专用设备。

4.4.3.2 沈阳市土壤污染治理市场需求

沈阳市作为东北老工业基地的核心区域，区内粗放型生产的国有大中型企业比重过大，一些搬迁、倒闭、停产和重组企业的土地污染遗留问题突出，成为城市潜在的环境污染隐患，严重制约沈阳市经济社会的可持续发展。

2014 年沈阳市环境统计报告显示，沈阳市现存污染场地的企业有 11 家，面积达到 207 万平方米，涉及化工、农药、电镀、制药、危险废物利用处置等多个行业。已监测的 65.5 万平方米污染场地的监测结果显示，污染场地类型复杂，目前，重金属污染场地比较大，占比达到 77.1%，有机污染场地占 22.9%。

相对于世界广泛应用的技术种类而言，场地修复技术数量相对较少，虽然部分企业正在同高校等科研机构联合进行土壤修复技术的研发以及产业化运用，但受到研发成本以及修复成本的制约，工程规模尚小。尤其是重金属污染场地环境治理技术比较缺乏，农田土壤修复技术缺口也较为明显，市场难以真正启动。

4.4.4 分析模型与预测

沈阳市环保产业能否快速发展，取决于社会经济环境、市场需求、产业政策等诸多因素。下面我们依据《沈阳市国民经济和社会发展第十三个五年规划纲要》和《沈阳市城市总体规划（2011—2020 年）》，对沈阳市环保产业发展的社会经济环境及市场需求进行分析与预测。

4.4.4.1　沈阳市"十三五"经济社会发展目标

"十三五"期间，沈阳市将保持经济年均增速不低于全国平均水平，保持居民收入增长与经济增长同步。全市地区生产总值年均增长 7% 左右，服务业增加值比重达到 50% 左右。研究与试验发展经费投入强度达到 2.7% 以上。万元地区生产总值用水量累计下降 14.2%。煤炭能源占一次能源消费的比重降到 8%，节能减排等约束性指标按照国家和省的规定持续下降。

在此期间，沈阳市城市建设用地规模达到 730 平方千米，人口不断增长，常住人口达到 1130 万人，城镇人口达到 990 万人，城镇化水平达到 87.5% 左右，中心城区人口达到 735 万人，机动车保有量持续增长，这将带来资源能源消耗量的持续增长，直接造成污染物产生量大幅增加。

4.4.4.2　灰色关联分析及预测

灰色关联分析通过参考序列与比较序列各点之间的距离分析来确定各序列之间的差异性和相近性，从而找出各因子之间的影响关系及影响系统行为的主要因子。现如今，灰色关联分析已成为研究经济发展与污染物排放、环境质量之间关系的主流方法。此外，通过灰色关联分析模型 GM（1，N）与 GM（1，1）的结合，可以预测未来环境质量的趋势。

（1）确定需要预测的环境质量因子等，它们的历史数据构成参考数列 X_0。

（2）初选若干个与环境质量有关的社会经济发展因子、能源使用量因子（如机动车辆数）等，它们的历史数据构成比较数列。

（3）对原始数据进行均值化处理以消除量纲差异，利用处理后的数据来计算关联度系数。

（4）利用灰色关联分析模型，选出与环境质量因子关联度大（关联系数 >0.8）的几个因子作为主要影响因子。

选取 GDP 绝对值、第二产业产值、第三产业产值、常住人口数、机动车保有量、能源资源消费指标等，对沈阳市环境质量未来趋势进行预测。在预测过程中，只对相关因子进行统计学预测，不考虑沈阳市机动车、燃煤指标的政策控制。

4.4.4.3　GDP 绝对值预测

以沈阳市 2006—2015 年 GDP 绝对值的监测数据作为模型的数据样本，经 DPS 数据处理系统运算后，得到如下 GM（1，1）事件响应的预测模型：

a=−0.094509，b=3294.572553

x（t+1）=37379.45289exp（0.094509t）−34859.852891

将 t=0, 1, …, 9 代入上式，可以得到一阶累加数据序列，进行累减后即可得到拟合数列。检验模型精度，由 DPS 平台得到 C=0.2526，p=1.0000。可判断模型的精度为 1 级，模型精度好。利用建立的 GDP 绝对值灰色预测模型，对 2016—2020 年的 GDP 绝对值进行预测，结果如图 4-7 所示。

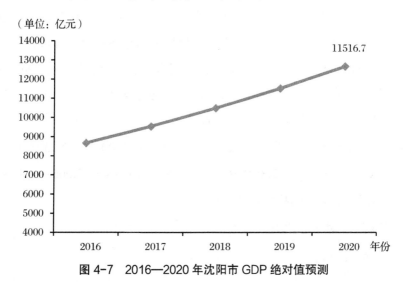

图 4-7　2016—2020 年沈阳市 GDP 绝对值预测

4.4.4.4　主要环境指标分析与预测

（1）能源资源消费质量预测。以 2006—2015 年煤炭消费总量及用水总量的环境统计数据作为模型的数据样本，采用 GM（1，1）模型对 2016—2020 年沈阳市能源资源消费指标进行预测，结果如表 4-29 所示。

表 4-29   2016—2020 年沈阳市能源资源消费指标预测

单位：万吨

年份	煤炭消费总量	用水总量
2016	2537.1	19.4
2017	2721.6	20.6
2018	2920.0	21.7
2019	3131.8	23.0
2020	3359.6	24.3

（2）污染物排放量预测。

1）化学需氧量（COD）排放量预测。以浑河为例，预测过程中其他指标只给出预测值，将与 COD 排放量关系较为紧密的经济社会指标进行均值化，以消除量纲的影响。得到第二产业产值、用水量、GDP、人口的关联度系数分别为 0.8058、0.8454、0.8060、0.8425。关联度系数项均大于 0.8，所以四项指标均可以作为 COD 排放量的主要影响因子。

灰色关联预测模型为：$x_1（t+1）=（316920.48000-144.79930x_2（t+1）-202.42206x_5（t+1）)\exp（-2.88107t）+144.79930x_2（t+1）+2.00619x_3（t+1）-110.10466x_4（t+1）+202.42206x_5（t+1）$

预测结果如图 4-8 所示。

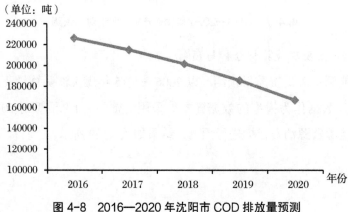

图 4-8   2016—2020 年沈阳市 COD 排放量预测

2）大气污染物排放量预测。以 2006—2015 年经济社会及能源资源消费指标的预测数据作为模型的数据样本，利用 GM（1，1）模型对 2016—2020年沈阳市大气污染物排放量进行预测，结果如表 4-30 所示。

表 4-30　2016—2020 年沈阳市大气污染物排放量预测

单位：吨

年份	氨氮排放量	烟（粉）尘排放量	二氧化硫排放量	氮氧化物排放量
2016	18947.3	110612.1	140069.5	130153.5
2017	17966.2	112800.8	137553.1	125931.7
2018	16825.4	115071.6	133099.5	120232.4
2019	15505.6	117294.5	126214.8	112589.3
2020	13985.0	119356.5	116296.9	102486.0

3）空气污染物浓度预测。以 2006—2015 年经济社会及能源资源消费指标的预测数据作为模型的数据样本，利用 GM（1，1）模型对 2016—2020 年沈阳市空气中主要污染物浓度进行预测，结果如表 4-31 所示。

表 4-31　2016—2020 年沈阳市空气污染物浓度预测

年份	可吸入颗粒物（微克/立方米）	二氧化硫（微克/立方米）	二氧化氮（微克/立方米）	化学需氧量（浑河）（毫克/升）	氨氮（浑河）（毫克/升）
2016	108.78	67.27	47.01	17.19	1.37
2017	99.91	63.42	47.84	16.91	1.13
2018	90.34	60.51	49.32	16.76	0.93
2019	79.98	58.33	51.57	16.81	0.76
2020	68.76	56.69	54.71	17.11	0.62

4.5 沈阳市环保产业发展潜力分析——内部需求

4.5.1 技术与人才

环保产业作为战略性新兴产业之一，在总量保持高速增长的同时，面临着产业的升级与转型。由于环保产业涉及污染物处理处置、环保设施建设与运营、废物综合利用、资源循环利用以及清洁生产等各个方面，技术水平要求高，所以沈阳市环保产业的发展必须建立在科技创新的基础之上。技术创新不仅是环保产业形成和发展的直接驱动力，也是环保产业取得突破性进展的关键。

"十三五"时期，我国经济从高速增长阶段向中高速增长阶段转变，从数量扩张型增长阶段向质量提升型增长阶段转变。在经济新常态下，后发优势的内涵、供给和需求条件发生变化，经济结构和增长动力等也将发生转变。环保产业处于创新与变革的新时期，要完成升级和转型并实现长久的生存和发展，必须依靠创新驱动，而研发投入是环保企业技术创新的重要支撑，研发水平直接决定着产业的发展能力和国际竞争力。

4.5.1.1 技术需求

环保产业技术特点明显，沈阳市环保产业的发展需要通过吸收、引进、创新各项环境保护新技术、新产品来实现。

我国环保产业普遍存在以下问题：缺乏环境保护的关键技术；低水平重复生产的企业多，核心竞争力强的企业少，缺乏拥有自主知识产权的技术和品牌；生产设备和产品的企业多，从事技术研发和服务的企业少；企业研发创新能力不足，创新团队力量薄弱；高新技术创新、关键技术创新、引进技术消化创新及自主知识产权创新少；电除尘、污水处理、机动车污染控制、垃圾焚烧等环保产业的主导技术中少见我国的原创性技术；等等。因此，需要加大环保产业的技术支持力度，引导企业走自主创新之路，在发展过程中不断提升其核心竞争力。

4.5.1.2　人才需求

环保产业中部分环保企业虽然组建了自己的研发团队，但普遍存在研发力量薄弱、研发投入不足、科技成果转化率不高等问题。我国环境保护技术研发的中坚力量仍是大专院校和研究院所，尚未形成以企业为主体的环境保护技术研发体系。应由各级教育机构和科研院所承担起人才队伍的培养和供应任务，为促进环保产业发展提供重要保障。

4.5.2　产业链条构建

产业链是在一定的地域范围内，同一产业部门或不同产业部门某一行业中具有竞争力的企业及其相关企业，以产品为纽带按照一定的逻辑关系和时空关系，联结成的具有价值增值功能的链网式企业战略联盟。按照环保产业的定义，环保产业链涉及的领域十分广泛。

在对一个区域的产业链进行构建时，首先要做的事情就是分析哪些产业应作为区域的主导产业。主导产业因为采用了先进的技术，具有强劲的市场需求，增长率高，产业关联度大，所以对整个区域的发展具有带动作用。

4.5.2.1　主导产业判定

应通过科学的方法判定区域主导产业。找到区域发展的主导产业之后，应从沈阳市区域整体环境治理需求出发，研究每个局部区域的比较优势，保证区域内部既能充分发挥比较优势，又能形成合理有效的分工，避免重复低水平建设和产业同构。

4.5.2.2　主导产业链构建

应按照产业链构建原则与方法，将产业链上下游环节通过纵向构建的方式组织起来，延长产业链条，补偿缺失环节。

对主导产业链条进行纵向构建之后，要对形成的纵向产业链条衍生出来的需求进行分析，以其为突破口，横向构建多条共生的产业链，增加产业链横向上的宽度，提升产业链的整体运行效率和运行稳定性。通过横向构建之后，企业能提高市场集中度和竞争力，最大限度地发挥产业链对整个区域产业的带动效应。

沈阳市处于产业上游的环节是为环保设备的制造、产品的生产提供原材料的企业及相关的研发机构；中游环节是环保装备、节能产品、环保监测装备生产企业；下游环节是面对市场的经销商和服务提供商。

4.5.3 产业政策需求

近些年，我国环保产业的发展速度明显加快，环保企业已经具备了一定的自我发展能力，但是受不完善的现行市场经济体制的制约，尤其是受产权制度改革滞后的影响，大多数环保企业失去了良好的市场扩张机会，企业发展缓慢，市场竞争力不强，环境保护产品的生产呈现分散化的状态，无法形成规模经济，不能适应国际环境的急剧变化与我国发展市场经济的要求。

4.5.3.1 政府引导机制设计需合理化

与其他产业相比，环保产业的突出特点在于它是一个法律法规和政策引导型产业，它的发展在很大程度上靠制度与政策推动。从发达国家环保产业的发展历程可以看出，环境保护法律法规的健全程度与环保产业的发展水平成正比。因此，政府制定的环境保护法律法规、环境保护规划和环境质量标准是影响一国环保产业发展的重要因素。我国环保产业尚处于发展阶段，仍需要政府的积极引导和扶持，但应极力避免重走计划经济时期政府包办环境保护的老路，应建立促进环保产业市场化发展的政府引导机制，营造良好的市场环境，并充分发挥其外部促进作用。

4.5.3.2 环保产业市场化程度需提高

市场化是经济体制由计划经济向商品经济和市场经济转变的过程，环保产业市场化是环保产业发展的必然选择。政府管制型经济模式存在诸多弊端，包括：政府过度干预经济活动，导致市场作用发挥不完善；价格管制使价格偏离价值，价格的信息传递作用不能正常发挥，最终导致资源配置效率低下；企业没有独立的产权主体地位，产权制度的激励作用减弱，企业发展动力不足，经营效率低下。因此，由计划经济向商品经济和市场经济转变是经济发展的必然规律。

当前，我国环保产业特别是环境服务业的市场化程度相当低，还处于市场化的萌芽期。虽然我国已经开始重视市场配置资源的决定性作用，市场经济体制日趋完善，但是受到旧有体制和观念的束缚，环境保护基础设施的特许经营制度和工业污染治理项目的专业运营制度还没有得到有效应用，对特许经营和委托运营所涉及的产权、税收、土地、价格等综合问题尚未在制度框架下统一协调解决。

5

沈阳市发展环保产业的
SWOT 分析

5.1 优势

沈阳市环保产业已经从初期的单纯治理为主，慢慢转变为包括环境保护产品生产、环境友好产品生产、资源循环利用产品生产、环境服务在内的跨行业、技术集中度高、产业门类基本齐全的产业体系。沈阳市环保产业具有以下优势。

5.1.1 产业基础雄厚，种类齐全，市场需求导向凸显

2015 年，沈阳市环保产业已经具备一定的规模，环保产业总产值达到 80.50 亿元，环境保护产品、环境友好产品、资源循环利用产品及与环境服务业相关的技术、产品种类齐全，发展势头良好。

随着环保产业市场需求及环境压力的变化，沈阳市环保产业领域由过去以污水处理技术与设备为主，变成以大气治理技术与设备为主，并向环境服务、节水节能、资源循环利用等多个领域发展，具备了一定的技术水平和规模，市场驱动效应增强。

5.1.2 产业主导优势明显，资源相对集中

2015 年，沈阳市环保产业的主导方向为环境保护产品生产与环境服务业，其产值占比分别为 54.6% 和 27.0%，产业主导作用明显。同时，环境保护产品生产企业与环境服务业企业数量多，吸纳的环保产业从业人员多，技术资源多，研发生产的技术产品多，研发投入多，知识产权拥有量多，产业主导优势相对明显。

5.1.3 产业链初具规模，规模企业、龙头企业作用突出

沈阳市环保产业的发展紧密围绕环境压力与环保市场需求，产业技术研发、产品研制与生产、产业规模优势均凸显了产业链的集聚效应，尤其是围绕大气环境治理技术和产品、水污染防治技术和产品以及环境服务业技术的产业链效应逐渐凸显出来。

另外，在沈阳市环保产业发展过程中，部分骨干环保企业拥有技术、人才、资金、产品及市场优势。骨干企业围绕市场需求与环保产业链快速成长，利用环保利好政策与环境管理体制改革的时机，已快速成为环保产业市场的主力军。这些骨干企业正在布局未来的环保市场，改变着传统的环保产业市场格局。

5.1.4 新兴企业后发优势和技术优势明显

中国的环保产业正在蓬勃发展，过去几年，国家及各地区采取了一系列行动，如出台新环保法、力推环保 PPP 模式、在"十三五"规划中重设环境保护目标以及出台创新创业政策等，驱动更多的社会资源进入环保产业。因此，很多拥有强大资金力量和高技术水平的新兴企业，在沈阳市环保产业领域异军突起，利用政策利好形势，围绕市场需求，快速获得市场份额，成为重要的环保力量。

5.2 劣势

虽然沈阳市环保产业基础条件完善，环保产业产品制造能力突出，但是还存在如下问题。

5.2.1 产业规模较小，技术与产品缺乏

按照产品销售产值计算，2015 年沈阳市环保产业 80.50 亿元的产业规模明显偏小，与发达国家和地区相比明显落后。

沈阳市环保产业技术、产品个数和类型都比较缺乏，明显不能满足目前环保产业的市场需求。这也是沈阳市环保产业难以快速发展的重要原因。

5.2.2 产业融资困难，市场化水平低

沈阳市环保产业发展缺乏一个多元化、多层次、长期稳定的资金投入渠道，产业盈利空间小。政府及相关部门对于产业技术、产品研发的专项资金投入缺乏连续性，产业技术储备不足，企业开拓新兴市场困难。

另外，环保产业市场缺乏市场秩序，市场运作模式单一，导致无序化竞争严重，企业技术、产品走向市场困难，难以保持盈利水平。

5.2.3 产业政策不系统,政策激励作用小

沈阳市环保产业仍处于政府投资为主的阶段,尤其是在环境基础设施建设与运营领域。然而,传统的行政命令与控制手段缺乏利益驱动机制,前期出台的信贷、税收、技术创新等产业政策缺乏系统性,政策落实不到位,制约着环保产业的发展。

5.2.4 科技成果转化率低,核心竞争力不强

沈阳市从事环保产业的企事业单位拥有相对丰富的科技人员和科技成果,但是,科研成果转化率低下,制约着环保产业的发展。虽然新兴中小微企业能够快速适应市场需求,但资金投入不足,缺乏技术和产品,尚未形成环保技术开发和技术创新体系,成长较为困难。这种局面导致环保产业技术装备落后,专业化水平低,产业核心竞争力弱,不能适应国内环保市场需求迅猛发展的形势,难以形成规模效益。

5.3 机遇

5.3.1 国家和地方政府高度重视环保产业发展

国务院 2010 年第 10 号文件《关于加快培育和发展战略性新兴产业的决定》将节能环保、新一代信息技术、生物、高端装备制造、新能源、新材料、新能源汽车列为战略性新兴产业,环保产业正在成为引领经济社会发展的重要力量。

国务院 2013 年第 30 号文件《关于加快发展节能环保产业的意见》指出,解决节能环保问题,是扩内需、稳增长、调结构,打造中国经济升级版的一项重要而紧迫的任务。加快发展节能环保产业,对拉动投资和消费,形成新的经济增长点,推动产业升级和发展方式转变,促进节能减排和民生改善,实现经

济可持续发展和确保 2020 年全面建成小康社会，具有十分重要的意义。

2015 年 3 月 14 日，沈阳市人民政府召开关于进一步做好全市环境治理工作的市长工作会议，会上明确要求制定环保产业规划与政策，引领、带动环保产业的发展，培育、壮大一批环保企业。可见，无论是国家还是地方政府，均对环保产业发展寄予厚望。

5.3.2 沈阳市作为东北经济中心具有显著的区位优势

建设沈阳经济区是辽宁省委省政府提出的区域发展战略。沈阳经济区以沈阳市为中心，在半径 100 千米的范围内涵盖了沈阳、鞍山、抚顺、本溪、营口、阜新、辽阳、铁岭 8 个省辖市，是东北经济区和环渤海都市圈的重要组成部分。沈阳经济区区域面积为 7.5 万平方千米，总人口为 2359 万人。2009 年，沈阳经济区实现地区生产总值 9984.7 亿元，占东北三省的 32.7%；实现规模以上工业增加值 4611 亿元，占东北三省的 33.9%；城市化率达到 65%，是我国城市化水平最高的地区之一。沈阳经济区 8 个城市着力构建"一核、五带、十群"。"一核"即建设沈阳市特大经济核心，提升沈阳市的区域中心地位。"五带"即打造沈抚、沈本、沈铁、沈辽鞍营和沈阜五条城际连接带，加快产业和人口聚集、基础设施和生态建设，提升社会服务功能，形成若干新城区、经济区，推进城镇化、一体化进程。"十群"即以五条城际连接带为载体，打造沈西先进装备制造、沈阳浑南电子信息、沈阳航空制造、鞍山达道湾钢铁深加工、营口仙人岛石化、辽阳芳烃及化纤原料、抚顺新型材料、本溪生物制药、铁岭专用车和阜新彰武林产品加工十个主业突出、优势明显的重点产业集群。

由此可见，沈阳市发展环保产业区位优势显著，潜在空间巨大。

5.3.3 城镇化发展背景下生态环境问题备受关注

按照《沈阳市城市总体规划（2011—2020 年）》，沈阳市在"十三五"期间，常住人口将达到 1130 万人，城镇人口将达到 990 万人，城镇化水平将达到 87.5% 左右。中心城区城市人口将达到 735 万人，城市建设用地规模将达到 730 平方千米，人均城市建设用地将达到 99.3 平方米。可以预见，随着沈阳市城镇化水平的进一步提高、人口密集度的进一步加大，沈阳市资源环境的负荷将进一步增强，社会各界对生态环境问题将更加重视，这对沈阳市环保产业的发展而言是一个很好的机遇。

5.3.4 绿色发展、低碳经济得到高度重视和发展

沈阳市开展了环境样板城创建工作，提出通过制度创新、政策创新和科技创新，建立政府主导、市场推进、公众参与的环境样板城建设机制；以"生态文明"为核心，突出"绿色"和"低碳"两大主题，全力打造绿色经济示范城、低碳经济示范城、静脉产业示范城、环境宜居示范城、绿色政府示范城和公众参与示范城；在生态城市建设的基础上，构建环境友好型社会，发展绿色经济，弘扬生态文化，进一步提升和持续改善生态环境质量，提高城市宜居水平，在环境建设方面发挥示范和引领作用，推动国家新型工业化综合配套改革试验区建设，为沈阳市环保产业发展奠定基础。

5.4 挑战

5.4.1 环境问题复杂，新旧问题并存

沈阳市环境保护和生态建设面临巨大挑战，包括：历史欠账尚存，需进一步挖掘总量减排潜力，更新传统减排管理模式；环境质量功能区达标难度较大；环境基础设施建设相对滞后于新型城市化发展要求；雾霾、水环境污染问题突出，臭氧、汽车尾气污染等新型环境问题日益凸显；农村环境保护的重要性愈显突出；政策制度、监督管理能力需进一步适应新时期管理需求。

5.4.2 政策系统性强，产业市场化影响因素多

环保产业是跨领域、跨行业的综合产业，其发展涉及环保、国土、水利、农业、林业诸多部门，牵涉中央、地方、集体、公众多个利益主体，体系庞杂多元，整合难度较高，耦合关系和制度实施所需的技术复杂。因此，环保产业政策系统性强，形成合力比较难。

另外，环保产业发展最终依赖环保市场需求，但市场受到诸多因素影响，如社会经济发展、环境质量改善需求、公众意愿、财政投入、市场竞争秩序等。

6

沈阳市环保产业发展规划
的编制总则

6.1 指导思想

    为深入贯彻落实党的十八大精神和国务院《关于加快发展节能环保产业的意见》（国发〔2013〕30号），落实2015年沈阳市市长办公会议第9号文件《关于进一步做好全市环境质量工作的会议纪要》，进一步加快落实政府推进环保产业发展的相关要求，应以市场为导向、企业为主体、创新为动力，依托节能环保重点工程，强化政策引导，突破一批关键技术，发展一批自主品牌产品，培育壮大一批创新能力强、实力雄厚的龙头示范企业，逐步形成市场潜能大、布局合理、功能完备的产业体系，使环保产业成为沈阳市新的经济增长点，使环保产业成为环境质量改善的科技基础，为促进东北老工业基地振兴与经济转型升级提供支撑。

6.1.1　科学布局，集聚发展

整合优势资源，完善产业链条，推动建立优势突出、层次清晰、各有侧重的环保产业布局。以现有产业园区为载体，延伸上下游配套产业，促进企业、资金、技术和人才等要素的集中，推动产业集聚发展。通过在水污染装备制造、大气污染防治装备制造、工业固废综合利用等领域实施一批重点项目，带动产业技术水平显著提升，形成产业发展新优势。

6.1.2　集团引领，产业集聚

依托龙头企业，实施一批重大项目，延伸产业链，建设若干各具特色的产业基地，促进环保装备制造业和环保服务业向现有工业园区集聚，形成环保装备制造业和环保服务业相互促进、共同发展的良好格局。

6.1.3　市场拉动，政策激励

充分发挥政府的引导作用和市场配置资源的决定性作用，释放环保产品、服务的消费和投资需求，扩大产品市场占有率，提高产业竞争力，形成对节能环保产业发展的有力拉动。加大环保技术研发的资金扶持力度，健全节能环保规章和标准，形成有效的激励和约束机制，激发企业发展的内在动力和积极性，使企业成为技术创新和产业化的主体。

6.1.4　创新驱动，示范引领

倡导企业自主研发和集成创新相结合，加强与国内外研发机构和大型企业集团的密切合作，推进商业模式创新，加快科技成果转化和推广，提高产业的技术和服务水平。重点培育一批科技含量高、市场竞争力强、辐射带动作用明显的龙头企业，突破一批关键核心技术，形成以大企业集团为核心、专业化中小企业协作配套的产业示范基地，全面提升沈阳市节能环保产业的层次层级和市场竞争力。

6.2 编制依据

编制依据包括：《关于加快发展节能环保产业的意见》《沈阳市国民经济和社会发展第十三个五年规划纲要》《沈阳市城市总体规划（2011—2020年）》《"十三五"节能环保产业发展规划》《沈阳市"十三五"环境总体规划》《沈阳市环境保护与生态建设"十三五"规划》《大气污染防治行动计划》《水污染防治行动计划》《土壤污染防治行动计划》等。

6.3 战略思路

6.3.1 突出三大特色

突出沈阳市环保装备制造、环境服务业集团发展及土壤环境治理与生态修复优势技术特色。

6.3.2 构建两种平台

以环保企业为中心，构建环保产业投融资、环保关键技术与企业联合平台，构建人才、知识成果转化与环保企业联合平台。

6.3.3 制定四项政策

制定污染物排放、环境质量标准等环境管制政策；制定环保产业财政金融、税收减免等产业激励政策；制定环保产业技术成果转化与技术研发支持等政策；制定环保产业市场保障、市场服务类政策。

6.3.4　重构五个园区

以沈阳市于洪区中德环保产业园为基础，重构新型节能减排环保产业园；以经济技术开发区中法环保产业园为基础，重构环保产品生产、设备制造产业园区；以沈阳市环保产业集团、沈阳市环境科学研究院等科研机构为基础，重构环境服务与第三方环境治理产业园区；以辽中再生资源生态产业园为基础，重构资源循环与再生环保产业园；以和平区、经济技术开发区或浑南区为基础，结合科研院所、金融机构，重构环保产业投融资服务园区。

6.3.5　实施十类项目

具体包括：①大气污染防控技术产品研发、研制支持项目；②水污染防控技术产品研发、研制支持项目；③固体废物处理处置技术产品研发、研制支持项目；④资源循环利用支持项目；⑤生态环境保护与监测支持项目；⑥环境服务业园区构建项目；⑦环保产业园区重构项目；⑧环境友好产品技术项目；⑨环保产业投融资平台构建项目；⑩环保产业人才、技术成果转移平台项目。

6.4　总体目标

积极适应沈阳市社会经济新常态，主动对接国家、省、市"十三五"产业发展规划，加强对环保产业市场需求和技术需求及产业发展重大问题的研究，立足现有基础和环境质量改善需求，明确产业发展方向，突出产业特色与优势，加大政策扶持力度，提升技术驱动，引导企业加强环保新技术、新产品研发，加快新装备（产品）产业化，推动沈阳市环保产业快速发展。

研究环保产业发展重点、配套产业需求、行业门类选择、产业园区建设及系统发展构架，分析区域产业布局，构建区域环保产业发展路径。完成三大目标：①确定沈阳市环保产业发展的重点扶持方向；②构建沈阳市环保产业发展体系和战略布局；③科学规划，指导区域环保产业发展。

7

沈阳市环保产业发展规划的主要内容

7.1 环保产业发展领域选择及产业发展方向

7.1.1 沈阳市周边产业布局、产业特征及产业聚集度分析

沈阳市处于辽宁中部城市群的核心区域,而辽宁中部城市群要形成发展合力、提升整体竞争力,很重要的一点就是城市群内的产业结构实现优化,

96

城市之间能够功能互补。

作为东北老工业基地的核心区域，沈阳市环保产业发展有着很强的路径依赖。因此，我们应对沈阳市周边城市产业发展现状有清晰的判断与认识，通过对城市群的产业结构和产业优势进行测算和分析，为区域内环保产业合理分工协作奠定基础。

7.1.1.1 宏观产业结构分析

首先，通过三次产业划分法分析沈阳市周边各城市的宏观产业发展情况，以便对其产业结构有一个总体把握。2013 年沈阳市周边城市三次产业占 GDP的比重如表 7-1 所示。

表 7-1 2013 年沈阳市周边城市三次产业占 GDP 的比重

单位：%

地区	第一产业	第二产业	第三产业
沈阳市	4.77	51.24	43.99
大连市	6.45	51.90	41.65
鞍山市	5.12	53.23	41.65
抚顺市	6.88	59.59	33.53
本溪市	5.41	60.65	33.94
丹东市	13.79	50.08	36.13
营口市	7.50	53.50	39.00
辽阳市	6.32	63.18	30.50
盘锦市	8.71	67.76	23.53
铁岭市	19.82	51.80	28.38
沈阳市周边城市群	8.48	56.29	35.23
全国	10.09	45.32	44.59

从表 7-1 可以看出，一个最明显的特征就是沈阳市周边城市群所有城市的第二产业在 GDP 中的比重都是最高的，而且比重均高于全国平均水平。

从区域整体看，沈阳市周边城市群整体的产业结构状态还是明显的工业

化中期的二、三、一产业分布格局。其中，第三产业比重比全国平均水平低
9.36 个百分点，而第二产业比重高出全国平均水平近 11 个百分点。这一方面
说明沈阳市周边城市群工业化水平较高，第二产业仍然是该地区的主导产业；
另一方面说明近年来以沈阳市为中心的辽中南城市群仍没有摆脱原有的发展
路径和发展模式，仍处于工业化发展的中期阶段。

从城市指标看，沈阳市周边城市群内第二产业占比最高的是盘锦市、辽
阳市、本溪市和抚顺市，都达到了近 60% 或以上，说明近年来资源型城市转
型发展并不理想。第三产业占比最高的是沈阳市，占 GDP 的 43.99%，但低
于同期北京第三产业的比重（76.46%），也低于上海（60.45%）。由于区域分
工和资源禀赋的不同，三次产业的分布比例并不一定能说明城市的发达程度，
但区域核心城市第三产业比重较低只能说明核心城市不能很好地发挥辐射和
带动作用。所以，从这个角度说，辽中南城市群的发展还处于不成熟阶段。

7.1.1.2 中观产业结构分析

以上通过三次产业划分法只能从总体上对区域产业情况进行分析，为了
进一步了解地区产业分工和要素空间分布情况，还需要对城市群产业结构进
行细化分析。

在产业结构研究中，运用区位熵指数来分析区域主导产业部门的状况是
比较常用的方法。区位熵是衡量某一区域要素的空间分布情况的指标，能综
合反映区域的产业生产能力和比较优势，以及区域产业在高层次区域的地位
和作用等。区位熵的计算公式为：

$$Lq_{ij} = \frac{Q_{ij}/Q_i}{Q_{ij}/Q_j}$$

公式中，Lq_{ij} 是 i 地区 j 产业在区域范围内的区位熵；Q_{ij} 是 i 地区 j 产业
的相关指标（如产值、就业人数等）；Q_i 是 i 地区所有产业的相关指标；Q_j 是
区域范围内 j 产业的相关指标。Lq_{ij} 的值越高，表示地区产业聚集水平越高。
一般来说，当 $Lq_{ij} > 1$ 时，我们认为 i 地区 j 产业在区域范围内具有优势；当
$Lq_{ij} < 1$ 时，我们认为 i 地区 j 产业在区域范围内相对处于劣势。区位熵方法简

便易行，可以在一定程度上反映区域产业的聚集水平。

我们按照国民经济行业分类的 19 个产业类别，采用区位熵分析法，根据《中国城市统计年鉴（2013）》和《中国统计年鉴（2013）》的相关数据，对沈阳市及周边城市各产业的区位熵指数进行测度，结果如表 7-2 所示。

表 7-2　2013 年沈阳市及周边城市各产业区位熵指数

行业分类	沈阳市	大连市	鞍山市	抚顺市	本溪市	丹东市	营口市	辽阳市	盘锦市	铁岭市
农、林、牧、渔业	0.128	0.279	0.372	0.686	0.323	0.504	0.115	0.951	17.509	3.553
采矿业	0.434	0.048	0.245	3.039	1.734	0.310	0.250	0.301	5.532	4.816
制造业	1.100	1.520	1.416	1.053	1.201	0.837	1.346	1.188	0.312	0.317
电力、热力、燃气及水生产和供应业	1.260	0.696	1.096	1.923	1.575	1.154	1.269	0.940	0.535	1.845
建筑业	0.473	0.653	1.136	1.020	0.808	0.773	0.653	1.053	0.515	0.614
交通运输、仓储和邮政业	0.985	1.081	0.697	0.631	0.544	0.598	0.705	0.344	0.517	0.325
信息传输、软件和信息技术服务业	0.846	1.353	0.485	0.591	0.761	1.121	1.881	0.521	0.210	0.719
批发和零售业	0.838	1.435	0.588	0.230	0.291	0.501	0.686	0.343	0.285	0.081
住宿和餐饮业	1.207	2.113	0.490	0.464	0.684	1.313	0.842	0.654	0.362	0.794
金融业	0.942	1.061	0.910	0.832	0.854	0.793	1.013	1.010	0.404	1.053
房地产业	1.411	1.921	1.002	0.684	1.522	2.335	0.637	0.589	0.545	0.494
租赁和商务服务业	1.831	0.629	0.861	0.479	0.366	0.468	0.789	0.613	0.322	0.715
科学研究和技术服务业	2.488	0.872	1.485	0.841	0.583	2.059	0.465	0.856	0.508	1.057

行业分类	沈阳市	大连市	鞍山市	抚顺市	本溪市	丹东市	营口市	辽阳市	盘锦市	铁岭市
水利、环境和公共设施管理业	1.853	0.794	1.733	1.717	1.250	2.593	1.663	2.867	1.047	1.404
居民服务、修理和其他服务业	0.959	0.832	1.551	0.911	0.454	0.896	0.218	0.360	0.352	0.615
教育	1.110	0.690	0.725	0.761	0.836	1.304	0.848	0.950	0.337	1.231
卫生和社会工作	1.371	0.814	0.983	0.981	1.960	1.825	0.927	1.235	0.329	1.108
文化、体育和娱乐业	1.615	0.968	0.678	0.750	0.687	0.950	0.760	1.041	0.423	0.730
公共管理、社会保障和社会组织	0.839	0.579	0.752	0.837	0.800	1.032	1.129	1.238	0.547	1.492

从行业指标来看，10个城市的农业均非主导产业，在全国不占有优势。由第二产业中采矿业的区位熵指数来看，抚顺市、本溪市、盘锦市和铁岭市目前仍然属于矿产资源型城市。由第二产业中制造业的区位熵指数来看，大部分城市的数值大于1，表明制造业仍是主导产业部门，仍然在全国具有一定的优势。由第三产业各行业的区位熵指数来看，沈阳市有8个行业的指数大于1。同群内其他城市相比，沈阳市最有优势的科学研究和技术服务业的区位熵指数达到2.488，水利、环境和公共设施管理业，租赁和商务服务业，文化、体育和娱乐业的区位熵指数超过1.5，教育、卫生和社会工作等也较为发达，说明沈阳市在辽中南城市群内第三产业发展较好。

从总体上看，2013年沈阳市及周边城市群发展最好的依旧是第二产业，盘锦市、铁岭市和抚顺市还是典型的矿产资源型城市。沈阳市第三产业的发展虽已呈现良好的趋势，但优势并不明显，辐射带动区域发展的功能略显不足。而且由于信息技术产业不发达，工业的优势产业仍停留在传统的制造业上，仍具有典型的工业化中前期的特征。

7.1.1.3 微观产业结构分析

由于主导产业对于一个城市的功能定位起着决定性的作用，所以要对辽中南城市群各城市的主导产业或支柱产业进行分析。

如表7-3所示，作为东北老工业基地，辽中南城市群工业基础较为雄厚，门类齐全，在装备制造、石油化工、造船、钢铁精深加工等行业具有一定优势。但也要看到，辽中南城市群产业发展存在以下不协调之处。第一，从各城市的主导产业看，产业结构严重趋同。从表7-3可以看出，城市群内有7个城市将装备制造业作为主导产业，5个城市将新材料、石油化工、钢铁作为主导产业，4个城市将汽车零配件作为主导产业。这就必然造成群内城市之间的相互竞争，不仅浪费资源，容易造成产能过剩，而且不利于城市间形成紧密的合作关系，阻碍城市群内部发展和整体竞争力提升。第二，第三产业整体发展滞后。从各个城市的主导产业看，大多数为制造业，除了软件服务业、旅游业、商贸业外，其他生产性服务业都没有成为各城市的主导产业。第三产业整体发展落后，又影响了辽中南地区产业结构转型升级的速度和资源型城市的转型。第三，没有形成合理的分工合作体系。虽然各个城市基本上都建立了"大而全，小而全"的产业体系，但合理的分工与合作关系还没有在核心城市与其他城市之间形成。城市群内部除了钢铁制造与加工以及部分装备制造业在几个城市之间存在一定的配套关系以外，其他各个产业在各个城市内基本属于独立发展、自成体系的状态，经济发展的关联性不强。

表7-3 辽中南城市群主导产业情况

城市	主导产业
沈阳	先进装备制造、汽车及零部件、机床及功能部件、电气及配件、软件及电子、信息、农产品精深加工、手机（光电）、通用及专用机械、医药化工、现代建筑和民用航空信息、新材料、新能源、现代服务
大连	装备制造、石油化工、造船、电子信息产品制造、软件与服务外包、汽车及零部件、农产品深加工、新能源及装备、生产性服务

续表

城市	主导产业
鞍山	精特钢和钢铁深加工、菱镁新材料、装备制造、煤焦油深加工、石油化工、光电、建筑
抚顺	石油化工、装备制造、冶金、油母页岩资源深加工、新材料、旅游
本溪	冶金、生物医药、钢铁深加工、旅游度假
丹东	汽车及汽车零部件、钢铁等材料、电子信息、农产品加工、仪器仪表、专用设备制造、纺织服装
营口	钢铁及深加工、镁质产品及深加工、石油化工、电机、输变电、船舶、港口机械、汽保设备、汽车配件
辽阳	芳烃和精细化工、工业铝材、高压共轨、日用化工、钢铁精深加工、装备制造、商贸、旅游
盘锦	海洋工程装备、新材料、电子信息、石油化工、临港物流业、农产品加工
铁岭	先进制造、新能源、节能环保、生物制药、新材料、高新技术、农产品加工

资料来源：各城市"十二五"规划及相关文件。

7.1.1.4 结果分析

以上分别从宏观、中观和微观三个角度对沈阳市及周边城市群的产业结构进行了分析，可以得出如下结论。

（1）从宏观上看，第二产业比重高是最明显的特征。沈阳市及周边城市群所有城市的第二产业在 GDP 中的比重都是最高的，而且比重均高于全国平均水平。从区域整体看，辽中南城市群整体的产业结构状态还是明显的工业化中期的二、三、一产业分布格局。第三产业整体发展落后，又影响了辽中南地区产业结构转型升级的速度和资源型城市的转型。

（2）从中观上看，各城市的优势行业主要集中在第二产业。抚顺市、本溪市、盘锦市和铁岭市仍然属于矿产资源型城市，城市群内绝大多数城市的制造业在全国占有优势。第三产业发展最好的是沈阳市，但优势不明显，辐射带动区域发展的功能略显不足。

（3）从微观上看，各城市产业结构趋同，没有形成合理的分工体系。以沈阳市为核心的城市之间相互竞争，不仅浪费资源，容易造成产能过剩，而且不利于城市群内部发展和整体竞争力提升。

7.1.2　基于市场需求的环保产业发展方向定位

市场运行机制是环保产业发展的"催化剂"，只有充分运用市场手段，才能积极发挥价格机制、供求机制和竞争机制的作用，促进环保产业市场化发展。受环境公共物品属性的影响，环保产业长期依靠政府单方面投入，这其实不符合环保产业发展的客观规律，只有真正的市场化和产业化才是环保产业摆脱发展束缚的唯一选择。

环保产业的市场主导型模式又称为内生增长模式，在该模式下，环保产业依靠市场力量自发成长，这种成长是一种自组织成长的过程。虽然环保产品和环保服务消费具有正向的溢出效应，但消费者从中获得的私人收益要小于其所创造的社会收益，这往往会导致私人消费意愿和支付意愿不足，环保产品和环保服务供给低于社会最优水平。因此，环保产业的发展还需要政府的调节和扶持，政府通过各类公共政策将环保产品和环保服务消费的外部收益内部化，或降低环保产品和环保服务的供给成本，以实现环保产业规模和结构的最优。当然，环保产品和环保服务消费具有显著的正向溢出效应并不意味着环保产业的发展应完全依靠政府主导。因为政府主导型的环保产业发展模式难以解决环保投资主体的激励问题，也会相对低效且存在资源浪费问题。由市场自发演化出的环保企业由于产权界定清晰，其资源配置效率和经济效率无疑要明显高于政府主导的环保企业。因此，从长期看，采取市场主导型环保产业模式是提高资源配置效率和环保产业效率的必然要求。

由于各类环保产品和环保服务的异质性，不同环保产品和环保服务的市场价值在同一经济发展阶段及不同收入阶层中是不同的。例如，由于当前严重的水源、空气及土壤污染，人们赋予净化水源、清新空气及隔离土壤污染的环保产品和环保服务的市场价值已超过了他们赋予其他产品和服务的市场价值，由此内生出了对这些环保产品和环保服务的市场需求。

在市场经济条件下，只有产业整合和资源优化配置才能实现区域经济协调发展。从目前的实际看，沈阳市市场经济体制框架虽然基本形成，但环保产业市场体系发育不健全，政府仍是一个强势政府，拥有国有资产管理权和配置权，决定着地区发展方向。另外，受现行的财税体制及政绩考核方式等影响，各市都在为本地的经济增长和财政收入增加而努力，这导致各市之间在市场准入、优惠政策、社会管理与公共服务等领域差异很大，从而必然导致行政分割、地方保护的形成，阻碍生产要素自由流动和产业整合的进程。也就是说，各级地方政府的理性行为导致了集体的非理性。市场化水平不足的客观事实，一方面决定了企业包袱重，调整难度大，活力不足；另一方面决定了政府对企业控制能力强，行政干预多，跨地区生产要素的流动受到限制。

在这种情况下，作为辽中南城市群的核心城市，沈阳市应考虑如何准确选择环保产业的发展方向，增强经济集聚功能，发挥经济辐射功能，带动周边地区的经济发展。基于沈阳市及周边城市的市场需求，我们确定沈阳市环保产业主要有如下几个发展方向。

7.1.2.1 环保产品和装备生产

（1）大气污染防治技术和设备。重点发展水泥、有色冶金、钢铁、石化行业烟气脱硫脱硝、防尘除尘技术装备及机动车尾气净化装备，改造提升现有燃煤发电机组、大中型工业锅炉窑炉烟气脱硫技术与装备，支持研发生产湿式电除尘技术设备和沥青烟净化设备，加快先进袋式除尘技术、电袋复合式除尘技术及细微粉尘控制技术的示范应用。

（2）水污染防治技术和设备。研发推广含镍、铜、铅、锌、钴、铬、金、砷等重金属废水处理技术和设备，以及马铃薯淀粉生产、医药、化工、制革等行业高浓度难降解有机工业废水处理技术和设备。重点示范污泥生物法消减、移动式应急水处理技术与装备。重点推广高效节能精确曝气控制系统、集成式污水处理成套设备、重金属污染水下固定与水体修复技术、农村饮用水除氟砷以及农村面源污染治理技术与装备。

（3）垃圾无害化处置及资源综合利用设备。推动生活垃圾、餐厨垃圾、医疗垃圾、工业废物等填埋回收和发电利用技术，垃圾焚烧控制技术与成套设备，污泥资源化利用技术和装备，有机垃圾生物处理技术等综合利用处置技术与装备的研发应用。示范推广大型焚烧发电及烟气净化、中小型焚烧炉高效处理、大型填埋场沼气回收及发电、水泥窑无害化协同处置生活垃圾技术与装备，推广生活垃圾预处理技术和装备。研发餐厨垃圾低能耗高效灭菌和废油高效回收利用技术和装备。

（4）危险废物与土壤污染治理。加快研发重金属、危险化学品、持久性有机污染物、放射源等污染土壤的治理技术与装备。重点发展新型填埋防渗衬层和覆盖材料、危险废物填埋场渗滤液处理技术。推广安全有效的危险废物及医疗废物处置技术和装置，鼓励应用高温蒸汽处理、化学消毒和微波消毒等非焚烧处理技术和装备。支持发展石油污染土壤及石油钻采过程中产生的岩芯等工业固体废物的处理处置技术。加快推进危险废物集中处置项目建设。

（5）环境监测仪器和自动监控设备。支持研发具有自主知识产权的连续自动和便携式大气、地表和地下水、土壤、噪声等环境质量分析检测和监测技术与设备。重点发展环境质量在线监测与遥感遥测技术和监控系统、污染源监测数据无线传输技术与装置、饮用水源污染物痕量与超痕量检测技术与设备。支持研发重点污染源、机动车尾气、危险废物、放射性及电磁辐射等专用监测监控仪器和流动监测、快速监测等环境应急监测仪器。推广应用多参数废水及烟气排放在线监测技术和成套仪器设备。

7.1.2.2 环保服务

（1）推进环保技术咨询、环境影响评价、环境工程监理、清洁生产审核、环境管理体系认证、环境规划编制等服务。加快发展生态环境修复、环境风险与损害评价、排污权交易、绿色认证、环境污染责任保险等新兴环保服务业。打造环境工程咨询服务龙头企业和国内知名环保集团公司，促进环保服务市场规模化和规范化发展。

（2）推进污染源和环境质量在线监测监控等设施的专业化、社会化运营。加快大气、水等环境质量在线实时监测站点及网络建设。引导社会监测机构提供面向社会、企业及个人的环境监测服务。加快环保中介机构的企业化、市场化进程，充分发挥中介机构在信息沟通、技术评估、法律咨询、知识产权转移和转化等方面的作用，培育和繁荣环保服务市场。

7.1.2.3 资源循环利用

（1）废金属资源再生利用。支持研发废电器电子稀有金属提纯还原技术、废弃线路板拆解清洁生产技术、有色金属回收深加工成套工艺及装备技术。示范推广废旧电器电子产品和电路板自动拆解、破碎、分选技术与装备，推广封闭式箱体机械破碎、电视电脑锥屏机械分离等技术，提升从废旧机电、电线电缆、易拉罐等产品中回收重金属及稀有金属的技术水平。

（2）报废汽车资源化利用。支持研发报废汽车主要零部件精细化无损拆解处理平台技术，完善报废汽车和废旧农业机械车车身机械自动化粉碎分选技术及钢铁、塑料、橡胶等组分的分类富集回收技术，提升报废汽车拆解回收利用的自动化、专业化水平。

（3）废旧设备再制造。全面打造废旧电器电子产品及废旧设备回收利用产业链，积极发展汽车零部件、数控机床、电机等再制造产业，推广纳米颗粒复合电刷镀、高速电弧喷涂、等离子熔覆等再生修复技术与装备。

（4）废橡胶、废塑料资源再生利用。推广应用环保型废弃橡胶制品高值化利用集成技术、常温粉碎及低硫高附加值再生橡胶成套设备。研发各种废塑料混杂物分类技术或直接利用技术，推广应用废旧农（地）膜生产复合材料和产品等清洁生产技术。

（5）废气回收和综合利用。积极推广无煤柱开采、边角煤残采技术，完善页岩气和煤层气发电及化工利用技术。支持发展油页岩及高岭土、铝矾土等共伴生非金属矿产资源的综合利用和深加工，鼓励发展煤炭分质利用技术。

（6）工业固体废物综合利用。加强煤矸石、粉煤灰、脱硫石膏、冶炼废渣等大宗工业固体废物的综合利用，提升大掺量工业固体废物生产建材产品的技术含量和附加值。研发和推广废旧沥青混合料、建筑废物混杂料再生利用技术装备。推广建筑废物分类设备及生产道路结构层材料、人行道透水材料、市政设施复合材料等技术。

（7）生活垃圾资源化利用。建立与城市生活垃圾分类、资源化利用以及无害化处理相衔接的生活垃圾收运网络，加大生活垃圾分类收集力度，扩大收集覆盖面。全面推广废旧商品回收利用、垃圾生物处理等生活垃圾资源化利用技术。建设餐厨垃圾密闭化、专业化收集运输体系，鼓励餐厨废油生产生物柴油、化工制品，餐厨垃圾厌氧发酵生产沼气及高效有机肥。积极推进垃圾衍生燃料产品开发利用等生活垃圾资源化利用项目。

7.1.3 环保产业重点领域存在问题

虽然沈阳市的环保技术水平在不断提高，但环保产业规模较小，产业结构不合理，技术开发能力弱，技术含量较低，产品质量不佳，品种不丰富，经济效益也不明显。具体来说，沈阳市环保产业重点领域存在以下问题。

7.1.3.1 环保产品技术含量低，技术水平与工艺落后

沈阳市环保产业技术开发仍以常规技术为主，与发达国家或国内发达区域相比，环境污染治理技术水平和工艺仍然落后，远未形成系统的技术和产品体系，一些急需的污染治理设备如大气污染治理设备、水处理设备因技术等原因存在严重短缺。

7.1.3.2 环保科研经费投入严重不足

环保科研机构是环保科技研究与发展的中坚力量，对沈阳市环保科技创新具有不可替代的作用。然而，由于多数科研机构比较小，缺乏独立的实验室和设备，难以形成有效的科研力量，只能进行环评等技术工作，研究和推广治理实用技术的能力比较薄弱。部分环保科研机构被视为公益类科研部门，科研经费主要来自财政拨款，经费严重不足。

7.1.3.3 环保产业技术创新的智力资源短缺

高素质人才对一个产业尤其是高新技术产业具有决定性意义。环保产业属于技术密集型产业，对从业人员素质的要求呈现越来越高的趋势。但同发达国家和地区相比，沈阳市环保产业从业人员结构不合理，专业人员和熟练工人所占比例较低，环保产业缺乏技术创新的源泉，尚未形成以企业为主体的技术开发和创新体系。

7.1.4 环保产业重点领域竞争力与绩效分析

7.1.4.1 环保产业竞争力评价指标选取原则

（1）针对性原则。在评价指标的选取上，应本着与环保产业密切相关的原则。

（2）动态性原则。区域环保产业竞争力的提升是一个动态的过程，所以评价指标不仅要能够从不同的角度反映被评价系统的现状，还要体现出未来发展的趋势和潜力。

（3）可操作性原则。评价指标应比较容易收集和获取，不能采用没有稳定来源的评价指标。

（4）可比性原则。指标的选取要充分考虑到与其他区域环保产业（横向）的可比性。尽量采用比较规范的统计指标或者是通过加工计算得出的竞争力指标，只有这样才能够提供准确的信息，以便更好地进行分析和评判。

7.1.4.2 评价指标体系的构建

我国区域环保产业竞争力的综合评价问题是当前众多学者研究的重要课题，由多指标构成的评价体系能够全面完整地反映目标区域环保产业在竞争力方面的实际情况。基于上述指标选取原则，下面根据产业竞争力的特点建立了区域环保产业竞争力评价指标体系，包括4个一级指标，11个二级指标，具体如表7-4所示。

表 7-4　区域环保产业竞争力评价指标体系

总指标	一级指标	二级指标	编码
区域环保产业竞争力评价指标体系	劳动力要素	系统年末从业人员数（人）	X1
		环保从业人员的平均工资数（元）	X2
	资金要素	区域环保基础设施建设资金（亿元）	X3
		工业环境治理投资（亿元）	X4
		建设项目"三同时"环保投资（亿元）	X5
	技术要素	有环保技术研发能力的企业数（个）	X6
		专业环保技术人员数（人）	X7
		环保技术成果数（项）	X8
	土地要素	环保建设用地面积（万公顷）	X9
		自然保护区用地面积（万公顷）	X10
		建成区环保绿化覆盖率（%）	X11

7.1.4.3　评价方法的选取

区域环保产业竞争力评价是一个多指标综合评价问题。目前，有关竞争力评价的方法有数十种，如主成分分析法、因子分析法、层次分析法、熵权法、模糊评价法等，并且评价方法还在不断的发展中。不同的竞争力评价方法适用于不同的领域，有的方法在实际运用时显得过于复杂而难以实现。

本研究利用熵权法得出各区域环保产业单项指标的权重，以此通过各区域横向和纵向比较来看各要素对不同区域环保产业的影响程度。

7.1.4.4　原始矩阵标准化

假设有 n 个待评价目标区域，每个评价区域有 m 个评价指标，整理形成的原始数据矩阵为：

$$X = \begin{Bmatrix} x_{11} & \cdots & x_{1m} \\ \vdots & \ddots & \vdots \\ x_{n1} & \cdots & x_{nm} \end{Bmatrix}$$

接着对原始数据矩阵做标准化处理，得到矩阵 $K=(r_{ij})_{n \times m}$，r_{ij} 为第 i 个评价对象在第 j 个评价指标上的标准值，$r_{ij} \in [0,1]$。其中，正向指标越大，表示效果越好，$r_{ij} = \dfrac{x_{ij} - \min[x_j]}{\max[x_j] - \min[x_j]}$；逆向指标越小，表示效果越

好，$r_{ij} = \dfrac{\min[x_j] - x_{ij}}{\max[x_j] - \min[x_j]}$。

7.1.4.5 用熵权法构造标准化后的加权矩阵

熵权法赋权是根据各指标提供信息量的大小来确定指标权数。它可以确定各指标的权重，在综合评价中能够得到较为客观的评价结果。首先，定义 f_{ij} 为矩阵 R 第 i 个被评价对象在第 j 项评价指标下的指标值的比重，则 $f_{ij} = \dfrac{r_{ij}}{\sum_{i=1}^{n} r_{ij}}$。其次，令 e_j 为第 j 项指标的熵值，有 $e_j = -k\sum_{i=1}^{n} f_{ij} \cdot \ln f_{ij}$，$k = \dfrac{1}{\ln n}$。最后，各评价指标的权重为：$w_j = \dfrac{1 - e_j}{\sum_{j=1}^{m}(1 - e_j)}$，式中，$0 \ll w_j \ll 1$，$\sum_{j=1}^{m} w_j = 1$。根据上述步骤可以得出区域环保产业评价指标体系中各个指标的权重，指标权重越大，表明该指标对区域环保产业发展的作用越大，反之亦然。

7.1.4.6 TOPSIS 法综合评价

根据计算出的指标权重构造规范化的加权矩阵 A_{ij}，$A_{ij} = w_i \cdot A_j$ 通过上述加权矩阵确定最优方案和最劣方案。

设 J 为正向指标集，J^* 为负向指标集，则最优向量 A^+、最劣向量 A^- 分别为：

$$A^+ = \left\{ \left(\underset{i}{\max} A_{ij} \mid j \in J \mid \right), \left(\underset{i}{\min} A_{ij} \mid j \in J \mid \right) \quad i = 1,2,...,n \right\} = A_1^+, A_2^+, ..., A_m^+$$

$$A^+ = \left\{ \left(\underset{i}{\min} A_{ij} \mid j \in J \mid \right), \left(\underset{i}{\max} A_{ij} \mid j \in J \mid \right) \quad i = 1,2,...,n \right\} = A_1^-, A_2^-, ..., A_m^-$$

计算最优方案的距离 S_i^+ 和最劣方案的距离 S_i^-：

$$S_i^+ = \sqrt{\sum_{j=1}^{m}(A_{ij} - A_j^+)^2} \quad (i = 1,2,...,n)$$

$$S_i^- = \sqrt{\sum_{j=1}^{m}(A_{ij} - A_j^-)^2} \quad (i = 1,2,...,n)$$

计算每个评价对象接近于最优方案的相对贴近度 C_i^*，$C_i^* = \dfrac{S_i^-}{S_i^+ - S_i^-}$，$0 \ll C_i^* \ll 1$（i=1，2，...，n）。若评价对象与最优方案重合，则相应的 $C_i^*=1$；若评价对象与最劣方案重合，则相应的 $C_i^*=2$。

7.2 主导产业格局构建

主导产业指的是一个国家或一个地区的诸多行业中具有龙头地位的一个或者几个行业。在经济发展的过程中，主导产业的成长性很高，能迅速吸收新技术，技术发展方向具有重要的导向作用，并带动其他相关产业的发展。

主导产业具有以下特点。①技术吸收能力强。主导产业能迅速吸收新技术，把最新的研究成果转化为生产力，具有较强的创新能力。②成长性好。主导产业能够持续快速增长，往往高于其他产业的发展速度。③协同性高。主导产业与其他产业具有协同效应，能够带动上下游产业的发展。④具有更替性。一个地区的主导产业不是固定不变的，可以从一个产业转变为新的产业。

主导产业是地区产业结构的核心，发展沈阳市环保产业，应科学客观地选择主导产业。

7.2.1 主导产业选择

主导产业的选择要考虑以下几个量化指标。

7.2.1.1 产业增加值比重

某个产业对地区经济增长的作用可以用产业增加值占该区域经济增加值的比重来衡量。比重越大，表示该产业经济增长的实力强于其他产业，也就是说，对区域经济发展的贡献越大。产业增加值比重可以用下面的公式测算：

$$X = \frac{\Delta Y_i}{\sum_1^n \Delta Y_i} \ (i = 1, 2, \ldots, n)$$

式中，ΔY_i 为 i 产业的增加值；$\sum_1^n \Delta Y_i$ 为某个区域所有产业的增加值，即某个区域的 GDP。一般情况下，只有当 X>0.1 时，该产业才有可能发展成区域主导产业。

7.2.1.2 产值利税率

产值利税率是某个产业在一定时期内已实现的利润、税金总额与该产业工业总产值的比值，其计算公式为：

$$R = \frac{\pi_i}{Y_i}$$

式中，π_i 为 i 产业的利税总额，包括利润总额、产品销售税金及附加和应缴增值税；Y_i 为 i 产业的工业总产值。

7.2.1.3 就业吸纳率

就业吸纳率是产业内劳动者人数与产业产值的比重，比重越大表明这个产业能创造的岗位越多，为社会带来的贡献越大，社会的稳定越有保障。这是建设社会主义和谐社会的内在要求，主导产业应该具有该项功能。计算公式为：

$$X = \frac{L_i}{Y_i}$$

式中，L_i 为 i 产业总的从业人数；Y_i 为 i 产业的总产值。

2015 年沈阳市环保产业调查数据显示，环境保护产品生产、环境服务业的产业规模占比分别为 54.6% 和 27.0%，吸纳产业从业人员的比例分别为 35.0% 和 27.5%，吸纳技术人员的比例分别为 28.3% 和 49.6%，企业个数占比分别为 41.6% 和 35.5%，且注册资本高，营业收入高，知识产权拥有数多。

由于环境保护产品生产与环境服务业产业增加值比重、产值利税率、就业吸纳率符合判定要求，所以我们选择环境保护产品生产、环境服务业作为环保产业发展的主导产业。

环境保护产品生产与环境服务业在环保产业中影响力大、发展前景广阔、竞争力强，能够带动环保产业的迅速发展，也有利于环保产业结构优化调整。

7.2.2 主导产业空间布局

沈阳市环保产业的发展能否发挥出对周边地区的辐射带动作用，将直接影响整个辽宁中部城市群乃至东北区域环保产业的发展。因此，沈阳市环保产业主导产业的空间布局首先要考虑城市区位条件、自然禀赋等因素；其次要考虑现有的产业基础；最后要考虑区域未来的发展。

沈阳市环保产业主导产业的发展在空间上应实现有效分解，通过与周边城市协调发展，实现城市群空间网络格局相互作用、共同发展。沈阳市与周边城市地理位置不同、资源条件不同，应分别承担不同环保产业发展过程中的不同功能，从而提升区域环保产业竞争力。

7.2.3 主导产业发展方向

（1）结合先进装备制造业基地建设，提升环保产品与设备生产制造能力。加快环保装备制造业向沈西工业走廊集聚，推动大气、水、土壤环境治理产品和设备配套加工业向周边城市梯度转移，形成环保装备制造业产业集群。

（2）结合东北地区商贸物流和金融中心建设，促进环境服务业快速发展。发挥沈阳市区域性环境金融资源的聚集优势，吸引国际金融机构设立分支机构，建设环境金融产品研发和推广中心，增强环境金融的辐射与服务能力，带动沈阳市环境服务业的发展。

（3）结合区域战略性新兴产业中心建设，优化配置环境保护相关科技资源，抢先布局土壤污染治理与生态修复产业，发挥高新区、科技园、产业基地的集聚效应。努力使大气污染、水环境污染、固体废物处理处置等环保技术达到国际先进水平，部分优势技术进入国际前沿领域。

7.3 环保产业发展关键技术筛选及优势分析

7.3.1 基于环境质量改善的关键技术分析

对于环境治理有两种理解：一种是体制机制层面的多元参与、共同治理环境问题的制度构架；另一种则主要指技术层面对某一事项或问题的控制和管理方式，强调环境问题管控的优化和可持续选择。

"十三五"期间，沈阳市由于环境污染历史长，环境资源、环境容量有限，持续改善环境质量仍面临严峻的挑战。

7.3.1.1 大气环境污染问题仍未得到根本解决

沈阳市能源结构无本质性改变，仍以煤炭为主；分散小锅炉低空排放且除尘脱硫设施较差，影响冬季环境空气质量；机动车保有量不断增加，黄标车取缔速度较慢，机动车尾气对环境空气质量的影响日益显著；扬尘对春季环境空气质量影响较大；秸秆焚烧造成短期局部环境空气质量严重恶化；餐饮油烟防治设施不健全。

7.3.1.2 地表水体污染仍很严重

沈阳市地表水资源严重短缺，径流主要依靠自然补给，但自然补给水严重匮乏，枯水期水质普遍较差，甚至断流；城市规模不断扩大，人口持续增加，城镇生活污水总量持续增长，地表水体接纳沿途城镇的生活污水，造成污染；部分城市污水处理厂建设标准较低，排水水质不能满足河流达标需求。

7.3.1.3 噪声污染依然严峻

沈阳市第三产业快速发展，由餐饮、娱乐和新兴服务业引发的噪声污染不断显现，成为影响区域声环境质量的主要原因；机动车保有量增长速度高于道路建设速度，机动车拥堵现象严重，交通噪声问题突出；建筑施工不规范，存在噪声扰民问题。

7.3.1.4 生态环境依然脆弱

沈阳市植被覆盖率依然较低，布局不尽合理；水土流失边治理边破坏现象依然存在，水土流失量仍居较高水平；生物多样性安全受到威胁。

因此，基于环境质量改善需求，沈阳市环保产业的关键技术主要包括以下方面。①大气污染防治关键技术。如清洁高效燃煤锅炉生产制造技术，烟尘除尘、脱硫、脱硝技术，机动车尾气污染防治技术，农业废物资源化利用技术，餐饮油烟防治技术等。②水污染防治关键技术。如河流水质氨氮清除技术、污水厂提标改造技术、生活污水处理与资源化技术等。③固体废物处理处置关键技术。如燃煤电厂石膏资源化利用技术、危废处理处置技术、垃圾焚烧技术等。④环境监测关键技术。如环境采样标准制定、环境监测仪器设备制造、污染源在线监控与检测技术等。⑤环境噪声与振动防治关键技术。

7.3.2 基于市场需求的关键技术分析

基于市场需求，沈阳市环保产业的关键技术主要包括以下方面。

7.3.2.1 污染防治技术

主要包括大气污染防治技术、水污染防治技术、垃圾无害化处置及资源综合利用技术、危险废物与土壤污染治理技术、环境监测仪器和自动监控技术等。

7.3.2.2 环保产品及材料

主要包括水处理膜材料和膜组件、生物除臭剂、絮凝剂、催化剂、氧化剂、水处理药剂、固废处理剂、抑尘剂、黏合剂、固（脱）硫剂、催化剂、土壤改性剂等。

7.3.2.3 环保服务

主要包括：环保技术咨询、环境影响评价、环境工程监理、清洁生产审核、环境管理体系认证、环境规划编制等技术与服务；生态环境修复、环境风险与损害评价、排污权交易、绿色认证、环境污染责任保险等新兴环保服务；污染源和环境质量在线监测监控；在线实时监测站点及网络建设。

7.3.2.4 资源循环利用关键技术

主要包括：废电器电子稀有金属提纯还原技术；废弃线路板拆解清洁生产技术；有色金属回收深加工成套工艺及装备技术；废旧电器电子产品和电路板自动拆解、破碎、分选技术；报废汽车资源化利用技术；废旧设备再制造技术；废橡胶、废塑料资源再生利用技术；矿产资源综合利用技术；固体废物综合利用技术；城市生活垃圾资源化利用技术；水资源节约与利用技术。

7.3.2.5 农林废物资源化利用技术

主要包括：以农作物剩余物及其他生物质材料为主要原料，生产人造板、生物质燃料，制作生物培养基等技术；规模化畜禽养殖废物资源化利用技术；发酵制饲料、沼气、高效有机肥等技术；薯渣、药渣生产生物有机肥、制备蛋白饲料等资源综合利用技术。

7.3.3 主导产业关键技术筛选

主导产业的变更、演替过程是产业结构优化与产业性能提升的过程，而主导产业的技术更替能够带动产业结构的升级，因此主导产业的关键技术选择十分重要。

基于沈阳市环境质量改善需求与环保市场需求，筛选出的主导产业关键技术包括以下方面。

7.3.3.1 关键环保技术

（1）大气污染防治技术。包括：水泥、有色冶金、钢铁、石化行业烟气脱硫脱硝、防尘除尘技术；机动车尾气净化技术；燃煤发电机组、大中型工业锅炉窑炉烟气脱硫技术；湿式电除尘技术；沥青烟净化技术；先进袋式除尘技术；电袋复合式除尘技术；细微粉尘控制技术。

（2）水污染防治技术。包括：含镍、铜、铅、锌、钴、铬、金、砷等重金属废水处理技术；马铃薯淀粉生产、医药、化工、制革等行业高浓度难降解有机工业废水处理技术；污泥生物法消减技术；移动式应急水处理技术；

高效节能精确曝气控制系统；集成式污水处理成套设备；重金属污染水下固定与水体修复技术；农村饮用水除氟砷以及农村面源污染治理技术。

（3）垃圾无害化处置及资源综合利用技术。包括：生活垃圾、餐厨垃圾、医疗垃圾、工业废物等填埋回收和发电利用技术；垃圾焚烧控制技术；污泥资源化利用技术；有机垃圾生物处理技术；大型焚烧发电及烟气净化技术；中小型焚烧炉高效处理技术；大型填埋场沼气回收及发电技术；水泥窑无害化协同处置生活垃圾技术；生活垃圾预处理技术；餐厨垃圾低能耗高效灭菌和废油高效回收利用技术。

（4）危险废物与土壤污染治理技术。包括：重金属、危险化学品、持久性有机污染物、放射源等污染土壤的治理技术；新型填埋防渗衬层和覆盖材料；危险废物填埋场渗滤液处理技术；危险废物及医疗废物处置技术；高温蒸汽处理、化学消毒和微波消毒等非焚烧处理技术；石油污染土壤及石油钻采过程中产生的岩芯等工业固体废物的处理处置技术。

（5）环境监测和自动监控技术。包括：连续自动和便携式大气、地表和地下水、土壤、噪声等环境质量分析检测和监测技术；环境质量在线监测与遥感遥测技术；污染源监测数据无线传输技术；饮用水源污染物痕量与超痕量检测技术；多参数废水及烟气排放在线监测技术。

7.3.3.2 环保服务技术

（1）环保综合服务。包括：环保技术咨询、环境影响评价、环境工程监理、清洁生产审核、环境管理体系认证、环境规划编制等服务与技术；生态环境修复、环境风险与损害评价、排污权交易、绿色认证、环境污染责任保险等技术服务。

（2）污染源监督、监测与咨询服务技术。包括：大气、水等环境质量在线实时监测站点及网络建设技术与服务；污染源监督和监测、污染源管控信息沟通、技术评估、法律咨询、知识产权转移和转化等技术与服务。

（3）第三方治理技术与服务。包括：环境公用设施（如人工河湖、污水处理设施、雨水积排设施）的第三方治理技术；重点行业污染治理与化工园区集中第三方治理；生态环境综合整治第三方服务。

7.3.3.3 资源循环利用技术

包括：废金属资源再生利用技术；报废汽车资源化利用技术；废旧设备再制造技术；废橡胶、废塑料资源再生利用技术；水资源节约与利用技术；煤矸石、粉煤灰、脱硫石膏、冶炼废渣等再生利用技术；城市生活垃圾资源化利用技术；农林废物资源化利用技术。

7.4 环保产业链构建

7.4.1 沈阳市环保产业链发展现状与趋势

产业链是在一定地域范围内，同一产业部门或不同产业部门某一行业中具有竞争力的企业及其相关企业，以产品为纽带，按照一定的逻辑关系和时空关系，联结成的具有价值增值功能的链网式企业战略联盟。

一般来说，处于环保产业链上游的企业或环节是为环保设备的制造、产品的生产提供原材料的企业及相关的研发机构；中游是环保装备和产品、环保监测装备的生产企业；下游是面对市场的经销商和服务提供商。

下文对沈阳市环保产业链的发展现状与趋势进行分析。

7.4.1.1 大气污染防治产业链

大气污染防治产业链如图 7-1 所示。

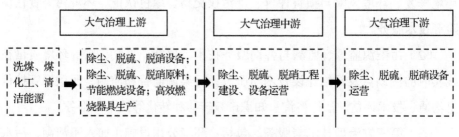

图 7-1 大气污染防治产业链

脱硫：目前，火电市场趋于稳定，关注 BOT 及能源净化。电力脱硫设备发展的高峰期已过，未来电力脱硫市场主要是新建火电机组和改造现有的火电脱硫机组。预计未来脱硫市场的发展方向是由 EPC 模式向 BOT 模式转变，具备 BOT 资质及运营经验的企业将受益。此外，环保标准提高赋予了能源净化行业乐观的发展前景，拥有技术优势的公司将受益。

脱硝：氮氧化物总量控制推动行业快速成长，前、后端脱硝协同发展。在技术方面，新一代前端脱硝技术等离子体氮氧化物燃烧技术具有明显优势，且受政策推广。后端 SCR 脱硝技术有广泛的应用空间，前后端结合使用是未来趋势。

除尘：国家烟尘排放标准越来越严格，除尘行业有广阔的空间，但技术难题也较大。目前，袋式除尘设备行业市场较为分散，集中度不高，企业竞争优势并不是特别明显。

7.4.1.2 水污染防治产业链

水污染防治产业链如图 7-2 所示。

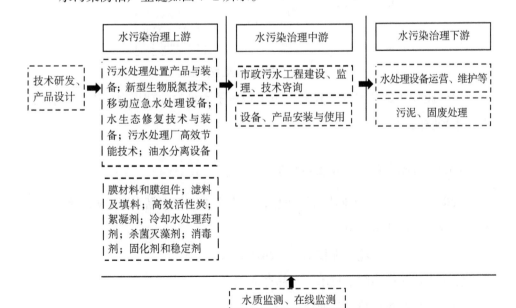

图 7-2 水污染防治产业链

从市场需求看，重点流域水污染防治计划项目的开工率明显提高，城市污水处理厂建设项目进度加快。在水处理技术与设备方面，生物法与物化法相结合，厌氧工艺与好氧工艺相结合，MBR 膜等技术需求大，是处理工业废水的发展趋势，废水深度处理技术成为水处理技术比较活跃的领域，城市污水处理设备向大型设备发展。污水处理产业链不同环节的盈利能力差异显著，在污水处理技术升级和水环境监测方面具有较大的利润，未来中水利用有广阔的市场。

污水处理是环保产业中极具投资价值的细分行业，工业污水处理利润空间较大的部分在产业链上游，生活污水处理利润空间较大的部分在产业链下游。

7.4.1.3　固体废物处理处置产业链

固体废物处理处置产业链如图 7-3 所示。

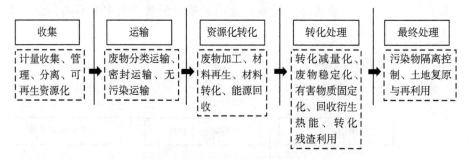

图 7-3　固体废物处理处置产业链

固体废物领域技术要求较高，历史积累了大量的处理压力，未来将有较大的市场空间。

7.4.2　沈阳市环保产业核心产业链

根据产业规模、产业技术等信息，围绕表 7-5 的产品名录，确定沈阳市环保产业核心产业链如下。

（1）燃煤大气环境治理技术、产品产业链。

（2）水体污染与防治技术、产品产业链。

（3）环境服务业技术产业链。

（4）农业废弃资源利用技术、产品产业链。

（5）节能技术、产品产业链。

（6）土壤环境治理与生态修复技术产业链。

表 7-5　2015 年沈阳市环保产业四大领域产品名录

领域	门类	产品
环境保护产品	水污染治理	污水污泥处理处置产品与装备；新型生物脱氮技术；移动应急水处理设备；水生态修复技术与装备；污水处理厂高效节能技术；油水分离设备
	大气污染治理	烟气脱硝技术与装备；工业有机废气治理技术与装备；非电锅炉烟气脱硫技术与装备；燃煤电厂烟气脱硫技术与装备；工业窑炉烟气脱硫技术与装备；细粉尘控制技术
	固废污染治理	垃圾渗滤液处理技术与装备；中小型垃圾焚烧炉高效处理技术；生活垃圾预处理装备与技术
	土壤污染治理	土壤污染治理技术及装备；危险废物处理处置技术及装置；医疗废物处理处置技术及装置
	环境监测仪器仪表	大型实验室通用分析设备；便携及车载应急环境监测设备；在线连续监测技术与设备
	材料及药剂	膜材料和膜组件；高性能防渗材料；除尘器高端纤维滤料和配件；离子交换树脂；生物滤料及填料；高效活性炭；有机合成高分子絮凝剂；微生物絮凝剂；脱硝催化及载体；高性能脱硫剂；冷却水处理药剂；杀菌灭藻剂；水处理消毒剂；固化剂和稳定剂等
资源循环利用产品	矿产资源综合利用	深度提取及高效采选产品、综合利用与深加工产品
	固体废物综合利用	大宗工业固体废物综合利用技术及产品；工业固体废物生产建材产品；混杂料再生利用装备与技术
	再制造与再生资源利用	结构复合材料；高效环保清洗产品；新型表面精饰产品
	废物资源化利用	废金属资源再生利用技术和装备；废蓄电池再生利用技术和装备；废旧家电再生利用技术和装备；废旧电器稀有金属提纯还原技术和装备；废汽车拆解及资源化利用技术和装备；废橡胶、废塑料资源再生利用技术和装备；餐饮废物资源再生利用技术和装备；废油高效利用技术和装备
	农林废物资源化利用	生物培养基、生物质燃料技术和装备；秸秆能源化利用技术和装备；林业废物综合利用技术和装备；畜禽养殖废物资源化利用技术和装备

续表

领域	门类	产品
环境友好产品	节能装备和技术	锅炉自控技术和装备；燃油、燃气锅炉燃烧技术和装备；高效煤粉燃烧技术和装备；高效节能锅炉装备；先进煤气化技术和装备；煤炭的高效清洁利用技术及设备；高效电机及拖动设备与技术；余热余压利用设备与技术；能源计量与监测设备及技术；节能仪器设备；家用及办公电器智能控制及节能技术产品；高效照明产品；节能汽车；新型节能材料
	水资源节约与利用	工业节水技术与装备；管道灌溉、喷灌、滴灌、防渗沟渠等农业节水技术与装备；节水器具；中水回用技术与装备；水循环利用技术与装备；废水、生活污水、雨水资源化利用技术与装备；矿井水资源化利用技术与装备；水循环利用技术与装备；海水淡化技术
	低毒无污染产品	低毒涂料；生态纺织服装；无污染建筑材料
	可降解产品	可降解塑料包装材料
	低排机动车	低排放汽车；低排放摩托车
	绿色有机食品	绿色、有机食品生产、加工；绿色、有机认证
环境服务	污染治理及设施运营	城镇污水厂建设运营；火电厂脱硫脱硝；医疗及危险废物处理处置
	环境工程与技术服务	环境技术研究与开发；环境工程设计施工；环境监测与污染检测；机动车排放控制性能检测；污染自动在线监测设施运营
	环境咨询服务	清洁生产审核；环境影响评价；环境规划；生态环境监测；生态环境调查评估
	生态修复、生态保护服务	生态建设工程设计、施工；生态修复与生态补偿；区域、流域治理
	其他环境服务	排污交易市场；金融服务；环保投资；环境保险；环境基金管理；环境信息；环境教育与培训；环境产品认证；环境管理体系认证；有机产品认证；生态建设评定；环保科技成果评奖；环境技术专利认定；环保标识；环境损害评估；企业环境融资

2015 年调查数据与指标判定显示，沈阳市燃煤大气环境治理技术、产品产业链比较成熟，但是产品核心竞争力不强；水体污染与防治技术、产品产

业链初具规模；环境服务业技术产业链仍存在缺环状况；另外三条产业链仍处于萌芽状态，有待进一步引导和规划。

7.4.3 网状产业链格局构建

对环保产业链进行纵向构建之后，紧接着要对纵向产业链条上衍生出来的需求进行分析，并以其为突破口，横向构建多条共生的产业链，增加产业链横向上的宽度，提升产业链的整体运行效率和运行稳定性。经过横向构建之后，企业能提高市场集中度和竞争力，最大限度地发挥产业链对整个区域产业的带动效应。

7.5 环保产业发展布局及产业配置

7.5.1 产业布局

产业布局又称为产业分布、产业配置，是指产业在一定地域空间上的分布和组合。具体来说，产业布局是指企业组织、生产要素和生产能力在地域空间上的集中和分散情况，是对产业空间转移与产业区域集群的战略部署和规划。产业布局是产业结构在地域空间上的表现，所体现的是一种社会经济现象，是一种具有全面性、长远性和战略性的经济布局，是涉及多层次、多行业、多部门以及受多种因素影响的具有完整性和持久性的经济社会活动，是运用产业空间分布规律从事社会生产和经济活动的一种体现。

产业布局是产业发展的一个空间侧面，它所要解决的是"在哪里生产"这一与空间相互关联的问题。从国内外的经验来看，产业布局的研究主要包括以下三方面的内容，即产业布局理论、产业布局战略及产业布局政策。产业布局理论就是对现有产业分布现象如布局指向、布局类型、布局结构及地域演变过程等进行定性或定量的描述与解释。产业布局战略就是根据产业布局理论，对产业再分布提出的各种构想或蓝图，即回答"应该怎样布局"这一问题。要实现这种构想和蓝图，使理想的构思变为现实的具体行动，政府就必须运用产业布局政策，将政府的产业布局战略与企业的产业布局具体行动有机联结起来。从这个方面来说，产业布局政策就是政府布局战略与企业布局行动之间的一种联系，是政府运用各种政策手段（包括行政的、经济的和法律的）对企业的产业布局行动进行干预和调节，以使企业布局行动符合政府布局战略。

环保产业布局原理如图 7-4 所示。

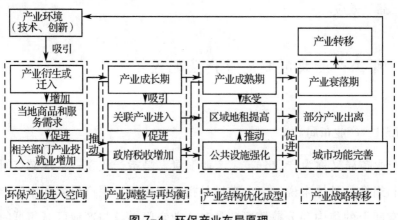

图 7-4　环保产业布局原理

从世界范围看，发达国家环保产业主导优势明显，发展中国家环保产业发展较为落后，这间接说明环保产业发展与经济发展水平有关，经济发展是推动环保产业发展的动力。我们对沈阳市各行政区环保产业相关指标的分布情况进行了汇总，如表 7-6 所示。

表 7-6　2015 年沈阳市各行政区环保产业相关指标分布情况

沈阳市下辖行政区	企业个数（个）	从业人数（人）	知识产权数量（件）	工业总产值（亿元）	营业收入（亿元）
和平区	37	3185	159	76.85	51.40
沈河区	13	631	52	5.27	5.27
大东区	10	546	28	72.74	71.82

续表

沈阳市下辖行政区	企业个数（个）	从业人数（人）	知识产权数量（件）	工业总产值（亿元）	营业收入（亿元）
皇姑区	26	877	29	3.40	3.10
铁西区	23	1606	341	132.64	125.58
苏家屯区	3	54	1	0.23	0
沈北新区	15	977	30	7.30	6.71
浑南区	25	1994	47	8.34	4.05
于洪区	24	1132	22	3.15	0.87
辽中区	12	317	38	0.60	0.47
康平县	1	18	0	0	0
法库县	10	657	1	2.08	2.05
新民市	3	111	8	0.50	0.45
合计	202	12105	756	313.1	271.77

2015 年的调查数据显示，沈阳市环保产业产值在各行政区的分布差异显著。从表 7-6 可以看出，无论从环保产业产值贡献看，还是从企业个数、从业人数及知识产权数量看，和平区、铁西区、浑南区及于洪区环保产业发展水平明显高于其他区域，环保产业资源相对集中，呈现出较好的发展态势。

7.5.2 产业链整合

环保产业链的整合是一个复杂的过程，单纯依靠市场和企业自身都是无法实现的，往往会陷入诸多困境。这是因为环保产品存在公益性和利益的外溢性，利益的外溢性导致无法吸引外部投资进入，外部资本缺乏又影响技术进步和规模扩展，技术市场的不成熟又影响产业链上整体利润的提高，利润低下又导致市场各企业力量小而分散，市场力量的小而分散又影响产业链的有效整合，最终整个环保产业将长期在低端水平徘徊。要促进环保产业链顺利、有效整合，需要政府给予全力的推动，为产业链整合创造良好的环境和氛围。政府的导向作用主要表现为：一是发挥政府的宏观调控和政策引导作用，全面引导产业内企业进行有效整合，壮大产业链上游企业规模，制定与完善环保产品和服务的价格体系，建立综合性环保产业公共服务平台。二是发挥政府的经济导向作用，通过有效的政策支持与优惠措施，鼓励和支持外部资本进入环保产业，增强企业的竞争实力和整合能力。三是发挥政府的宣传推广作用，在全社会范围内营造环保产品和服务的消费氛围，倡导绿色生活的新观念。

　　具体来看，环保产业链整合中政府的导向作用可以通过以下途径来实现。第一，引导环保产业合理集中，提高环保产业链整体的效率和效益水平。产业链的整合要以某一个地理空间为基础，因此产业链环节的适当集中有助于产业链整合的进行和发展。政府应通过合理规划和强有力的政策支持对制度环境进行优化，借助产业链上龙头企业及相关企业的优势，采用相对集中策略来建立区域性的环保产业园，促进资源的合理流动，以实现产业链整体效率和效益的优化。

　　第二，完善融资体系，保障环保产业链整合所需资金的充分供给。任何一种产业链整合方式都必然涉及兼并重组等资本运作，因此环保企业需要大量的资金作为产业链整合的基本条件。但由于环保产业的公益性，整合所需的外来投资短缺，仅仅依靠企业自身不能满足日益增长的资本需求。政府应充分发挥其政策引导和杠杆放大作用，完善环保产业的融资体系，全方位加大对环保产业的财政扶持力度，引导社会资金投向环保产业，为产业链整合提供多种渠道的融资途径。一方面，通过补贴、减免税款等多种财政资金支持方式激励环保龙头企业的发展，以发挥其整合带动作用；另一方面，建立完善支持自主创新和环保产业发展的多层次金融支撑体系。通过支持环保龙头企业采用改制上市、风险投资、产业基金等股权融资以及公司债券、中小企业集合债券、集合中期票据等直接融资方式，促进龙头企业在利用这些资金满足生产经营所需的同时，对产业链的关联企业进行收购、兼并，以达到产业链整合的目的。

第三，搭建综合性环保产业公共服务平台，优化产业链整合的外部环境。以政府投资为主体、社会投资为辅助，建设并加快发展综合性环保产业公共服务平台。政府出台相关产业政策，制定与市场经济相适应的公共环保设施运营机制、规范的环保产品和服务质量标准、灵活的市场交易机制和环保产品定价机制，为环保产业链整合打造一个相对良好的外部环境。同时，加大宣传力度，在全社会范围内营造消费环保产品和服务的良好氛围，对消费环保产品和服务的企业、团体、个人进行鼓励与支持。

7.5.3　产业布局与资源优化配置需求

产业布局是优化资源配置的过程，应该根据区域资源禀赋、区位优势、国际竞争等因素，不断优化生产要素利用方式，提高生产要素利用效率。目前，沈阳市环保产业布局与资源优化配置需求如下。

7.5.3.1　产业政策缺乏协调，需要进行系统化梳理

沈阳市环保产业之所以至今尚不具气候，与政府在环保产业发展过程中的缺位关系紧密。虽然政府已经出台了多项有关环保产业发展的政策法规，但这些政策法规尚不系统。因此，应加强政策协调，加强各部门的配合，在制定环保产业规划的过程中，处理好近期与中长期的关系，保持政策的连续性和严肃性。同时，加强环保产业管理，创新管理模式，规范管理方式，明确政府在产业发展过程中的权责，进而制定系统化的环保产业政策，编制科学的环保产业发展规划。

7.5.3.2　市场引导缺失，需要发挥企业的经济主体作用

沈阳市环保产业经过多年的发展调整，已经初步形成了自己的特色，但要客观看待业已形成的产业局面。沈阳市环保产业集中度不高，缺少大型龙头企业，微小型企业众多。基于市场力量，适度培育大型环保企业，引导中小型企业向"专、精、特、新"方向发展，形成"大中小"企业梯度配合的产业发展模式，是沈阳市环保产业的前进方向。忽视沈阳市环保产业实际，依靠行政力量，过分追求规模经济，过分关注环保产业竞争力的行为，无益

于环保产业的持续健康发展。

7.5.3.3 产业技术基础薄弱，需要提高核心竞争力

由于环保产业技术基础薄弱，企业技术研发、产品研制能力缺乏支撑，导致企业核心竞争力不强。因此，应建立国际合作交流中心，开展项目的合作交流和人才培养等，吸纳和引进全球顶尖研发团队。同时，促进环保产业与高校、科研机构及重点实验室相结合，鼓励在园区中建立高校分校区、科研院所、实验基地、博士后工作站等。另外，培育锻炼出一支高素质的园区管理人才队伍，为环保产业的发展提供技术保障。

7.6 环保产业发展政策制度设计

环保产业是典型的政策驱动型产业，环境保护法律法规、环境标准、科技政策等环境政策制度决定了环保产业的需求总量、发展方向、重点领域和发展水平。环境政策制度对环保产业发展的促进作用是政策制度间协同作用的结果，同时，各项具体环境政策制度间存在互补、承接、递进等关联关系。

7.6.1 政策制度体系框架

产业政策是政府为了全局和长远利益，主动干预产业活动而制定的各种政策的总和。根据功能定位的不同，产业政策具体分为产业结构政策、产业组织政策、产业技术政策和产业布局政策。

7.6.1.1 产业结构政策

产业结构政策是产业政策体系的核心。产业结构政策是指政府依据本国产业结构现状，依照产业演进的基本规律，规划本国产业的发展，通过扶植幼稚产业，重点发展战略产业，协调长线产业，有步骤地退出衰退产业，实现资源合理配置、本国产业优化升级、国民经济持续健康发展的政策。能否实现产业结构转型升级以及转型升级的能力、节奏、效率，都是决定一个国

家、一个地区经济发展水平的重要因素。实践经验表明，产业结构转型升级是经济发展的首要特点，凡是转型升级顺畅的国家或地区，其经济和社会发展水平普遍较高，如日本、新加坡等地，转型升级不畅的国家和地区则往往陷入停滞，如拉美各国。因此，产业结构政策的根本目的在于不失时机地推进产业结构优化，实现资源合理配置、经济健康发展。实施产业结构政策，关键在于主导产业的选择和培育。

7.6.1.2 产业组织政策

产业组织政策是指为了获得理想的市场效果，由政府制定的干预市场结构和市场行为，调节企业间关系的公共政策。产业组织政策的实质在于协调竞争与规模经济的矛盾，实现资源在产业内部的有效利用。从政策取向来看，现有的产业组织政策可分为两类：第一类是鼓励专业化和规模经济的产业合理化政策，主要是确保规模经济的充分利用，防止过度竞争；第二类是鼓励竞争、限制垄断的市场秩序政策，主要有反垄断政策或反托拉斯政策、反不正当竞争行为政策及中小企业政策等，它着眼于维持正常的市场秩序。

7.6.1.3 产业技术政策

产业技术政策是指国家对产业技术发展实施指导、选择、促进与控制的政策。产业技术政策以产业技术为直接的政策对象，是保障产业技术适度和有效发展的重要手段。在现代经济发展中，产业技术直接决定了幼稚产业能否成长、新兴产业能否壮大、战略产业能否保持。随着知识经济的迅猛发展，产业技术日益呈现高风险化和规模化的特点，加之产业技术成果具有一定的公共产品属性，所以推行产业技术政策具有必要性。

产业技术政策包含两方面的内容：其一，确定产业技术的发展目标和具体计划，主要包括制定具体的技术标准、技术发展方向、发展规划、重点发展技术等；其二，促进资源向技术开发领域投入，主要包括技术引进政策、技术扩散政策、技术开发扶植政策、基础技术研究的资助与组织政策等。产业技术政策的中心内容是影响和促进产业的技术进步。产业技术政策的手段分为直接干预和间接干预两大类。直接干预通常为政府的行政干预，包括政府依据有关法律法规对引进技术进行管制、开展技术推广应用、主持特定技术的项目开发等。间接干预主要是政府对产业技术的发展战略、发展前景等提供指导，以及通过税收、金融、补贴等形式提供支持等。

7.6.1.4 产业布局政策

产业布局政策是指政府综合考虑经济社会发展现状、产业自身特点、各地区发展实际，以及产业甚至整个国民经济的未来发展需要，对产业的空间分布进行科学规划、调整的相关政策。产业布局政策具体可分为宏观布局政策、中观布局政策和微观布局政策三个层次。产业布局政策的主要内容包括选择地区重点发展产业和制定产业集中发展战略。产业布局政策一般包括经济、社会、生态三大目标，并具有地域性、层次性和综合性等特点。产业布局政策与国家发展程度、地区发展现状关系紧密，欠发达地区通常实施更为非均衡的产业布局政策，大力建设高新区、保税区、开发区，依靠政策倾斜，实现超常规发展。

环保产业发展政策制度的制定，应把握产业发展规律，明确环保产业发展思路、发展目标、重点任务和政策措施保障。图7-5为环保产业发展的政策制度体系。

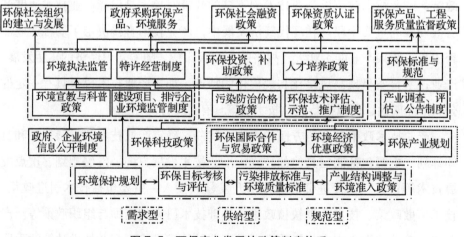

图7-5 环保产业发展的政策制度体系

7.6.2 土地利用政策

土地利用政策能够促进环保产业的发展，促进产业结构调整和产业优化升级。首先，要统筹环保产业土地规划，形成具有全局性、科学性、互补性的土地利用规划。其次，要制定鼓励和扶持环保产业技术产业化的土地利用政策，切实加强对环保产业的土地供应。

7.6.3 财税及投融资政策

第一，加大资金投入，拓宽环保产业资金来源。①加大政府的财政直接投入。在国家财政预算科目中单设环保支出项目，细分为防治污染项目投资、污染治理项目投资、环保基础设施项目投资、环境管理能力建设项目投资，并以法律形式保障其支出及增长比例。②充分调动市场力量。积极利用资本市场，开发新的金融工具，创新融资手段，通过创业板上市、发债、担保、项目融资等多种方式吸收社会资本。③引导风险资本进入，支持环保产业投资基金的发展。中国环保产业目前技术力量薄弱、环保服务业落后，因而在技术开发、环保服务业发展等方面存在巨大的空间。要大胆引进风险资本，通过制定鼓励性政策，增加投资者的安全感。可以借鉴国外经验，通过银行贷款信用担保、优惠利率贷款、损失分担担保等方式，带动风险资金投入，使环保产业拥有多渠道的风险资本来源。另外，专业的投资基金可以充分吸纳社会资金，助力环保产业的发展。④开展国际合作。鼓励中外合资、合作的环保投资机构的建立，积极拓展和利用国外资金渠道，解决国内环保产业融资困难的问题。此外，推进国内环保产业投融资体制改革，学习国外在环保产业投融资方面的有益成果，开展环保相关金融业务创新，保证环保产业资金来源渠道多维、资金充足。

第二，制定财税、金融扶持政策。环保产业是公认的高技术产业，但环保技术的开发具有一定的风险，所以发达国家大多制定实施了促进环保产业技术发展的财税、金融政策。例如，日本政府设置了专门的财政预算，通过实施创造型技术研究开发补助金制度、废物再资源化设备生产者补助制度、引进先导型合理利用能源设备补贴制度等，促进环保产业技术的发展。欧洲各国主要是通过征收环境税来为环保产业发展提供支持。法国、英国、意大利等国开征了碳税，德国出台了生态税，这些税种的引入有力地促进了生产商改用先进的工艺和技术，推动了环保产业技术的升级。经济措施引导生产者行为，既改进了人们的消费模式，也促进了环保产业整体技术水平的提高。应制定与中国经济发展水平相适应的，促进环保产业发展的财税、金融政策（包括信贷优惠、税收优惠、高新产品减免税收等），适时开征环境相关税种（如污染物排放税、污染产品税、环境服务税等），并且明确环境税负用于环保项目支出的数量、增长比例等，大力促进环保产业发展。

第三，完善现有税制，促进环保产业的发展。①扩大增值税的优惠范围，对更多的节能环保产品和垃圾处置费给予免征增值税的优惠政策。②对尚未纳入征税范围的非循环经济范畴的重要消费品征收消费税，以此拉开其与循环经济产品的税负差距，体现循环经济产品的税收优势。尤其应将高耗能产品如一次性尿片、高档建筑装饰材料等导致环境污染的消费品纳入消费税征收范围，根据耗能及污染程度设置不同的税率，以有效抑制消费。③扩大资源税的征收范围，将土地、森林、海洋、草原、淡水等自然资源列入征税范围，引导节约资源。④在一定年限内免征环保产业所有企业的企业所得税，以吸引更多的资金投入环保产业，促进产业迅速发展和壮大。⑤对环境污染治理型、污染源控制型和资源综合利用型企业，实行全免营业税的政策。

7.6.4 技术引进及开发政策

技术是环保产业的生命线，实施环保产业技术促进战略，提高技术水平，加快环保人才的培养，将科技成果及时推向市场，转化为现实生产力，对于促进环保产业结构优化，增强国际竞争力，具有重大的现实和战略意义。

第一，加强科研院所和企业协作的技术创新体系建设。充分利用企业在市场信息、项目运作等方面积累的优势，发挥科研院所在科研、人才方面的特长，围绕市场急需、有前景的环保产业技术和产品合作开发、试验、推广，建立利益共享、风险共担的产学研合作机制。

第二，明确产业技术发展方向。环保产业作为战略性新兴产业，关系到未来国家发展全局，责任重大。但是，目前中国的环保产业技术仍以常规技术为主，仍未形成与中国经济现状相匹配的技术体系和产品体系。在一些重点关键技术领域（如大气污染治理设备、水处理成套设备），仍然严重依赖外商。应鼓励企业与科研院所围绕环保产业的基础性、前瞻性、关键性问题，整合资源，以项目为纽带，开展联合攻关，努力在一些重点技术领域实现突破。国家要选择一批适度超前的关键性技术提前开发，做好技术储备，对于产业的共性、基础性、亟待解决的问题，以国家出资的形式，通过招标委托进行重点研究，并开放开发成果供企业使用。

第三，科学制定产业技术标准、技术规范。科学的产业技术标准和规范，对于促进产业技术进步具有十分重要的作用。科学的技术标准和规范是产业技术水平和最佳管理实践的协调统一，涉及技术、工程、管理、市场需求等多个方面。制定技术标准和规范有助于推广成熟先进的环保产业技术，提高产业整体技术水平。

第四，鼓励先进技术的推广应用。技术产业化的过程实质上就是技术转化为生产力、研究者和企业获得经济效益的过程。鼓励先进技术的推广应用，就要逐步完善环保先进技术的推广转化机制，加速科研成果在生产中的应用。目前，一方面，要鼓励先进的环保技术尽快从"实验室"走向"市场"，在税收、财政、金融等方面给予适当照顾；另一方面，要利用当前发达经济体经济萎靡不振的时机，积极引进、消化适合中国现阶段的先进技术和装备，尤其要加大重点、关键性技术的引进力度，在其基础上进行技术创新，加快技术的国产化步伐，努力缩短中国环保产业技术与世界的差距。另外，要注意做好技术专利的保护工作，只有企业的专利权利得到有效保护，企业才有动力去开发新技术、新专利。

7.6.5　园区发展及招商引资政策

虽然各地建立了许多环保产业园区，但园区运营情况并不乐观。调查显示，环保产业名不副实的现象存在于很多环保产业园区当中。一些园区虽然挂着环保产业园区的招牌，但入驻的环保企业比例很小，与普通的工业区或开发区没有多大区别。这主要是由于国家缺少关于环保产业集聚区建设的扶持政策，园区定位和建设并未依托当地的产业基础，园区缺少专业化服务平台和信息平台等。因此，应制定合理的园区发展及招商引资政策，促进环保产业园区发展。

第一，合理规划，加大政府扶持力度。应对园区进行总体规划，根据周边地区的产业特征、当地的环保产业基础、环保投资热点及趋势、当地的政策导向等因素，确定环保产业园区的总体定位。力争借助当地的产业基础，推动关联性技术普及，形成产业和区域之间的联动机制，促进传统产业的升级和带动相关配套产业的发展。同时，园区建设需要得到当地政府的高度重视，迫切需要当地政府出台一系列针对入园企业及相关人才的优惠政策，包括财税政策、财政补贴政策、人才安置政策和土地政策等。

第二，建立金融支撑平台。在园区建设过程中，应通过环保产业投资基金、股权投资基金等搭建金融支撑平台，为园区建设提供资金来源。另外，园区还可以采取特许经营、公私合营等方式进行项目融资。

第三，提供技术人才支撑。应建立国际合作交流中心，开展项目的合作交流和人才培养等，吸纳和引进全球顶尖研发团队。同时，促进园区与高校、科研机构及重点实验室相结合，鼓励在园区中建立高校分校区、科研院所、实验基地、博士后工作站等。培育锻炼出一支高素质的园区管理人才队伍，继续按照环境质量管理体系标准完善物业服务，保持优质的服务质量，提高经营效率，完善园区服务配套功能。

第四，建立公共服务平台和信息共享平台。建立完成高效便捷的公共服务平台，从项目引进到正式运营，建立一套高效快捷的运行机制，全过程地跟踪服务，真正实现招商项目"一站式"办公和"一条龙"服务。建立完成园区数字化信息平台，建立园区门户网站，强化集聚区形象宣传，发布产业规划、最新产业动态、项目招投标信息、产业供需信息，推介区内投资环境、产业招商和促进政策。构建园区层面和区域层面的信息共享平台，便于企业了解上下游行业资源状况，以便在更大的范围内进行原材料、产品等的交易。利用物联网技术、信息通信技术、在线监测技术、GPS 技术、GIS 技术和视频技术，打造集物流管理、废物流监控、生产现场监控、污染排放在线监测于一体的物流系统、信息与控制系统、综合服务系统和综合管理系统。

第五，搭建污染防治高端技术研发平台。在园区内建设研究工作室，吸引国内外高端科技人才，争取在环保产业的核心技术与关键产品方面取得突破性进展，推动产业链和创新链向高端发展，建成国家一流、具有国际水平的技术研发平台。

第六，设立技术和产品展示与交易中心。运用先进的技术和手段，全面展示园区的先进装备和产品，为产业搭建技术和产品的展示、应用、交流和推广平台。建设环保产业技术交易中心、环境保护产品交易中心等交易机构，如建设环保超市。

第七，加强招商渠道建设。以产业集聚为目标，瞄准成长性好的产业龙头企业与优质项目，率先引进园区，再以龙头企业为核心，打造产业环境，形成产业集聚和产业链。通过参会、考察、出访等形式，与环保产业的龙头企业建立联系。与环保产业协会等组织建立交流渠道，并针对重点人才、项目和企业进行重点攻关。积极参与国内外环境高端会议，针对园区主题和特色实施一系列有针对性的宣传。同时，通过举办综合性产业大会宣传园区企业，实现招商。

8

沈阳市环保产业发展规划
的主要任务

强化产业要素配置，发挥产业基础优势

8.1.1 优化产业空间布局，促进产业协调发展

以龙头企业和重点企业为中心，立足自身产业需求，以先进的产业发展理念来设置环保产业空间分布功能，统筹考虑产业内外部的公共交通、商业、

现代服务业等各项设施的配套，确保建成后的产业联动区域、产业园区功能要素齐备，方便企业联动沟通、协调发展。

产业发展是城市化的根本动力，城市化的基础是产业的集聚，城市化的过程始终伴随着产业的发展。环保产业的布局和升级，必然带来产业技术人才的集聚和产业的扩张，这也是城市化进程的一部分，能够在不断提高产业竞争力的同时，充分调动产业要素的优化配置。

8.1.2 推进产业技术创新，拓展产学研转化途径

在进一步开放的前提下建设科技创新中心，以科技成果转化推动产业化。科技成果转化不是转化成论文，而是要推动产业化。应借鉴国际上不同类型的成熟模式，总结沈阳市环保产业发展经验，立足国家战略发挥自身优势，形成符合创新规律、体现市场活力、激发各类市场主体驱动作用的体制机制。

一要高度重视服务于科技成果转化的中介服务的重要作用；二要高度重视各类市场主体对创新的直接驱动作用；三要高度重视市场机制的强大推动作用；四要高度重视人才的核心作用。既要关注和服务好关键少数人才，也要关注大量草根创业创新人才，真正营造"大众创业、万众创新"的氛围。

8.1.3 培育特色产业基地，凝聚产业核心竞争力

加强政策扶持和引导，采取联合、兼并、股份制改造以及上市融资等方式，实施"大企业、大集团"带动战略，配套建设一批"专精特新"中小企业，促进土地、人才、资金、重点项目等各类要素向优势行业、区域集聚。以构建技术开发、成果孵化、设备制造、工程设计、公共服务等多功能、一体化的节能环保产业集聚区为目标，形成产业特色鲜明、集聚效应明显、创新活力勃发的产业发展基地。

结合沈阳市环保产业园发展基础，制定优惠入园政策，整合产业优势资

源，完善产业联动机制。突出链式引进和培育，吸引环保企业入园，重点扶持规模较大、带动能力较强的企业提升技术集成和辐射能力，形成技术先进、配套健全、发展规范的环保产业基地。

依托现有高新技术开发区、经济技术开发区、工业园等各类园区，有效整合园区内节能设备改造、烟气除尘、工业污水处理等节能环保需求，引入节能环保企业，优化园区产业结构，改善园区生态环境。

8.2 保障产业市场渠道，稳固企业主体地位

8.2.1 健全产业发展机制，扩大市场消费需求

实施技术标准战略，完善节能环保产业行业规范、准入标准等相关制度，建立健全节能环保市场监督管理机制，加强产品质量监督，扩大能效和环保标识范围，强化标准标识监督管理，促进公平竞争、有序竞争，为节能环保产业发展创造良好的市场环境。

建立并完善节能环保市场机制，以完成节能减排任务倒逼节能环保产业加快发展。进一步推进资源性产品价格改革，推动生产要素和资源价格机制的形成，为生产者和消费者提供有利于资源节约和环境保护的市场信号。全面推进供热计量收费改革，运用差别化电价政策加速淘汰落后产能，通过合理价差引导群众改变生活方式。探索建立碳排放权、排污权和水权等有偿使用交易机制。

健全政府强制采购和优先采购制度，按照能效水平和环保标准，扩大政府采购节能环保产品的范围，提高节能环保产品采购比例。强化能效标识、节能产品和环境标志产品认证制度，健全完善节能产品惠民工程政策。组织实施节能减排全民行动计划，倡导节约、绿色、低碳消费理念，引导消费者购买高效节能产品，扩大节能环保产业市场需求。

8.2.2 强化企业主体地位，建设产业创新体系

强化企业技术创新主体地位，鼓励节能环保企业加大研发投入，建立工程研究中心与实验室，支持企业牵头承担节能环保领域国家级、省级科技计划项目。建设由上、中、下游节点组成的垂直创新链，以及由具有相关业务和互补业务的节点组成的水平创新链。创建一批产学研用紧密结合的产业技术创新战略联盟，增强基础创新能力和系统创新能力。

攻克一批关键共性技术及装备，推动先进技术产业化、规模化，加快关键装备国产化进程，形成产业发展新优势。重点突破低品位余热利用、高浓度有机废水处理、电子废物处理及资源化利用、尾矿有价元素提取等一批产业关键技术。

按照研发一批、示范一批的滚动发展模式，加速优势技术的产业转化率，推进先进技术在不同细分领域的首次应用，加快推进示范作用明显、带动性强的示范工程实施，加快更新节能环保产品推广名录，引导用户单位选用示范意义重大的技术，扩大技术先进、节能高效类装备与产品的市场需求。

建立完善的科技创新成果评价和产业化项目筛选机制，加强知识产权保护，推进知识产权投融资机制建设。引导高校和科研院所开放共享各类科技资源，培育一批集研发、孵化、制造于一体的国内外领先公共服务机构，提升节能环保产业技术配套服务能力和水平。

8.2.3 构建优势产业链条，实现产业联动升级

重点构建和完善大气环境污染治理除尘脱硫脱硝设备生产产业链、工业三废资源循环利用设备与产品生产产业链、新型高效节能燃烧设备生产产业链等主导产业链条，形成横向关联配套、纵向延伸拓展的产业网络。

整合资金，分阶段、分步骤动态扶持和重点培育一批在节能电气装备制造、节能换热设备制造、烟气脱硫设备制造等领域，产业特色突出、规模效益较好、带动能力较强的龙头骨干企业，提升企业技术集成和整合能力，支

持其"走出去"拓展全国乃至国际市场。

支持在能效、环保等方面采用国内外先进技术标准，提升产品质量和安全性、可靠性、实用性。培育建设一批具有自主知识产权、竞争优势较强的国内外知名品牌。支持自有品牌在境外进行商标注册和专利申请，提升市场占有份额，促进跨国经营与国际化发展，形成骨干企业突出、产业链条完整、产业联动效应明显的产业发展架构。

8.3 提高政策宣传力度，强化政府服务意识

8.3.1 壮大节能环保服务，促进产业协同发展

大力发展工程承包、设施运营、技术咨询、信息服务、合同能源管理、成果转化、物流配送和人才培训等服务，加快公共服务平台建设。引导技术研发、设备生产和投融资机构利用合同能源管理机制开展节能服务，推行金融租赁等多层次、有特色、满足不同市场需求的合同能源管理机制。

加快建设现代节能环保生产性服务体系，引领产业向价值链高端提升。建设以能源诊断、评估、咨询、审计、融资担保等为服务内容的节能市场第三方服务体系，加快发展环保技术咨询、环境影响评价、生态效率评价、环境工程监理、清洁生产审核、节能环保技术及产品认证、环境投融资及风险评估、节能环保设施委托运营等环保服务新业态。

引导大型环保装备制造企业由"生产型制造"向"服务型制造"转变，促进与服务业的互动发展。鼓励大型重点用能单位依托自身技术优势和管理经验，开展专业化节能环保服务。培育大型专业节能服务公司及节能环保咨询服务龙头企业，逐步提高节能环保服务业比重。通过发展壮大节能环保服务业，不断优化节能环保产业结构。

8.3.2　加大政策扶持力度，推进产业快速发展

环保产业的发展必须依靠有效的政策支持，要采取有针对性的措施和政策，进一步加大产业扶持力度，积极完善产业发展生态环境，推动环保产业加速发展。

虽然环保技术与产品产业化已经取得了不少成果，但应该注意到环保产业发展时间还较短，目前仍有许多技术与产品处于从实验室走向产业化的阶段。当前制约环保产业发展的关键因素是缺乏市场规范与标准，还需要长时间的发展才能克服这些困难。

目前，沈阳市环保产业的发展关键看政策扶持。当前阶段，环保产品生产技术成熟度不高，下游应用产品开发比较初级，环保企业的盈利能力比较薄弱，这与需要投入高额的研发经费相矛盾。要解决这个矛盾，需要政府产业政策的大力扶持，一方面要给予适当的优惠政策和资金支持，另一方面要引导资本市场的资金快速有效地流入环保产品与技术研发生产产业链。

8.3.3　扩大政策宣传范围，提高政府服务意识

沈阳市的环保产业还处于快速发展期，市场信息与企业信息不对等，企业对产业政策与市场信息不了解，造成企业对产业的发展不清楚，不能及时依据市场的变化改变策略，进而导致市场资源配置效率低下。

因此，政府应强化服务意识，加强产业政策的宣传，使企业能够快速获取产业扶持政策的信息，引导企业用好政策，调动技术、人才、产品资源，集中优势做市场，获得最大利润。只有政策扶持作用真正得到发挥，环保产业才能进入快速发展期。

9

沈阳市环保产业发展规划
的可行性及效益分析

9.1 可行性分析

9.1.1 产业市场需求空间巨大

在各项利好环保产业政策的推动下，沈阳市乃至整个东北区域拥有巨大的产业市场潜力，但沈阳市以及周边区域环保产业的发展无论是在人才、技术还是产品方面，都不能满足旺盛的市场需求。调查结果显示，目前大多数企业对环境治理技术、环境质量改善、生态修复等有巨大的需求，但环保技术人才所占比例比较低，不能满足当前行业发展要求。

9.1.2 产业政策形势有利

无论是频发的雾霾、污染的水体，还是逐渐揭开面纱的土壤污染形势，都已经成为社会焦点问题。党中央、各级政府，以及企业和群众都已经对环境污染问题有了清晰的认识，各级政府近年来颁布实施了众多环保法律法规、政策、意见、规划等，尤其是 2013 年以来，法律法规、政策规范等出台的系统性越来越强，内容越来越细化。因此，未来 20 年是环保产业快速发展的时期。

9.1.3 产业发展基础扎实

沈阳市环保产业发展基础扎实，已经达到由量变到质变的边缘。2015 年，沈阳市环保产业销售总产值达到 80.50 亿元，环境保护产品、环境友好产品、资源循环利用产品及与环境服务业相关的技术、产品种类齐全，发展势头良好。

综上所述，沈阳市环保产业发展规划可行性较好。

9.2 效益分析

9.2.1 社会效益分析

经过五年的有计划发展，环保产业在技术创新、投融资、技术人才服务、市场保障体系构建方面将有所突破。产业技术研发、行业规模扩大，会带动劳动力就业，尤其是环境服务业的快速发展，能够有力地促进产业结构调整。

9.2.2 经济效益分析

产业发展目标的逐步实现，将带来可观的经济效益。沈阳市环保产业的发展，有助于提升沈阳市乃至辽宁中部城市群环保产业发展速度。到2020年，初步目标完成后，将实现项目各产品总体年销售收入300亿元，年利税100亿元，经济效益十分明显。

9.2.3 环境效益分析

随着环保产业的快速发展，环保技术与产品将被广泛应用于生态环境质量改善的过程中，产业人才也将服务于区域生态环境污染防治。专业领域人才的充实，环保技术与产品的应用，能够有效减少区域大气、水、土壤等环境污染，改善生态环境质量。

10

沈阳市环保产业发展规划的实施保障措施

10.1 制度保障措施

完善节能减排目标责任考核制度，将节能环保产业发展情况纳入对地方政府节能减排目标责任的考核评价。加强节能减排考核结果运用，强化社会舆论监督。通过加大问责力度，形成促进节能环保产业发展的机制。建立健全节能环保产业统计体系和信息发布制度，发挥统计监督作用。完善重点项目申报、筛选与管理机制，做好重点项目储备和项目落地保障。完善规划实施机制，以制度建设促规划实施，以重点项目促产业发展。

10.2 政策保障措施

10.2.1 财政政策

认真落实国家有关节能环保、资源综合利用的资金支持政策，积极争取国家环保产业发展重点项目支持。把环保产业发展重点工程以及技术研发、应用推广等纳入各级地方政府年度投资计划和财政预算，采取以奖代补、贷款贴息、奖励等多种方式安排财政资金，引导、支持环保产业发展和重点项目建设。

10.2.2 税收政策

落实《资源综合利用企业所得税优惠目录》《环境保护、节能节水项目企业所得税优惠目录》《节能节水专用设备企业所得税优惠目录》《环境保护专用设备企业所得税优惠目录》等节能环保资源及产品的税收优惠政策。进一步下放增值税减免税审批权限，简化办理程序，全面落实符合鼓励类产业目录企业、高新技术企业及小型微利企业的所得税优惠政策。

10.2.3 其他扶持政策

建立环保产业"绿色通道"和"直通车"制度。对城镇污水垃圾处理设施及配套管网建设、"城市矿产"利用、大宗固体废物及资源综合利用、生活垃圾和污泥无害化处理、重大节能装备制造等节能环保建设项目用地，优先给予保障。对新改扩建的环保产业项目，在规划、环评、能评、项目审批、核准、备案等方面优先办理和适当简化。加快推进节能、节水、环境保护、资源综合利用等先进技术和产品的评估认定及目录制定工作，研究制定环保装备制造业重点领域"首台套"产品认定和扶持办法，完善"首台套"风险补偿等政策配套体系，鼓励和支持高端装备、重大装备的创新及产业化。

10.3 资金保障措施

认真落实国家支持环保产业发展的投融资政策，建立和完善政府引导、企业为主、社会参与的多元化环保产业投融资机制。新增国有资本向环保产业领域倾斜，鼓励和引导社会资金、民间资本投资环保企业。进一步完善适应环保产业特点的信贷管理和评审制度，简化贷款审批手续。引导和鼓励金融机构创新信贷产品和金融服务方式，满足环保产业的有效信贷资金需求。设立针对环保企业的专业性担保服务公司，鼓励信用担保机构加大对资质好、管理规范的环保企业的融资担保支持力度。加大债券市场对环保产业的支持，鼓励符合条件的环保企业发行债券、上市融资。

10.4 科技保障措施

重视环保产业新技术、新工艺、新产品、新材料的研究与推广，在科技计划中积极安排环保产业重大技术攻关课题，并确保环保技术开发的投入达到一定比例。充分发挥环保科研、设计部门和高等院校的作用，加强科研与生产的联合、协作，建立环保科研机制，培育环保技术市场。组织环保产品全社会科研项目招标，以骨干环保企业集团为主体，组建环保产业中试基地，促使科研成果尽快转化为生产力。开展多层次、多形式的国际经济技术合作和交流，引进、消化、吸收国外先进的环保产业设备和技术，进行综合集成和应用开发，形成具有自主知识产权的核心技术和产业设备，提高环保产业技术含量和水平。在借鉴国外成功经验的基础上，利用国内的资源优势和人才优势，将引进的高新技术与自主创新相结合，自主研发废物分类回收和综合利用新技术、废物减量化技术、最终废物的安全处置技术等，提高产品的科技含量和附加值。现阶段应以避免环境形势恶化为主线，开发大气、土壤、水污染治理技术、工艺、产品，以高新技术促进环保产业的快速发展。

10.5 服务保障措施

10.5.1 建立信息服务平台

鼓励和支持行业协会、龙头企业利用互联网搭建节能环保技术、产品、服务等市场信息交流平台，定期发布环保产业发展的重大信息，展示环保新技术、新产品、新工艺。建立环保技术和设备的电子商务平台，鼓励进行网络交易。建立环保产业项目融资信息平台，促进银企对接合作。

10.5.2 建立宣传推广平台

充分发挥行业协会等中介组织的作用，通过定期举办展览会、技术产品推广会、产业研讨会等，加大对环保技术和设备的宣传及推广。广泛开展环保法律法规及政策宣传工作，普及节能环保知识。

10.5.3 建立技术和产品出口服务平台

发挥沈阳市外向型经济的优势，建立出口技术和产品的价格协调体系及管理服务体系，鼓励企业运用电商平台等新型商业模式，积极开拓海外环保市场。

参考文献

［1］谢永平，孙永磊，张浩淼 . 资源依赖、关系治理与技术创新网络企业核心影响力形成 ［J］. 管理评论，2014（8）.

［2］苏忠军 . 中小城市发展环保产业的前景和对策 ［J］. 河南科技，2008(5).

［3］陈尚芹 . 中国环保产业的现状及发展对策 ［J］. 上海环境科学，1996（11）.

［4］张敏 . 中国环保产业的现状、趋势与对策 ［D］. 成都：西南财经大学，2000.

［5］宁路井，高广阔 . 长江三角洲环保产业集群发展政策研究 ［J］. 当代经济，2008（12）.

［6］韩跃 . 战略性新兴产业空间布局研究 ［D］. 北京：首都经济贸易大学，2014.

［7］牛立超 . 战略性新兴产业发展与演进研究 ［D］. 北京：首都经济贸易

大学，2011.

　　[8] 张治河，潘晶晶，李鹏 . 战略性新兴产业创新能力评价、演化及规律探索 [J]. 科研管理，2015（3）.

　　[9] 李德超 . 詹松林：用环保产业改善世界 [J]. 环境与生活，2008（11）.

　　[10] 杜琳 . 以科学发展观指导中国环保产业的快速发展 [J]. 环境保护，2008（1）.

　　[11] 罗凤平，陈志涵，付金芝 . 以科学发展观为统领 加速发展哈尔滨市环保产业 [J]. 学理论，2008（24）.

　　[12] 王莉 . 宜兴环保产业发展的现状及对策分析 [J]. 经营管理者，2008（11）.

　　[13] 戴卫东，高学鹏 . 新常态下沈阳市工业企业工业化与信息化融合发展对策研究——基于沈阳市两化融合发展水平调查 [J]. 中国市场，2015（43）.

　　[14] 黎春秋 . 县域战略性新兴产业选择与培育研究 [D]. 长沙：中南大学，2011.

　　[15] 樊志宏，刘永明，万浩，等 . 武汉"十三五"产业发展路径研究 [J]. 政策，2016（1）.

　　[16] 张英奎，张杏辉，曹婷 . 我国环保服务产业的现状分析及对策研究 [J]. 生态经济（学术版），2009（2）.

　　[17] 高明，郭施宏 . 我国环保产业研究现状分析——基于宏观视角的文献述评 [J]. 环境保护科学，2015（3）.

　　[18] 袁栋栋 . 我国环保产业现状及环保企业商业模式 [J]. 中国环保产业，2014（10）.

　　[19] 庄唤娣 . 我国环保产业区域竞争力研究 [D]. 南昌：华东交通大学，2015.

　　[20] 杜佳霖 . 我国环保产业发展现状及影响因素研究——来自上市公司2011—2013 的财务数据 [D]. 苏州：苏州大学，2015.

　　[21] 石建宁 . 我国环保产业发展趋势与对策探讨 [J]. 科技通讯，2008（24）.

　　[22] 赵航 . 我国环保产业发展的现实分析 [J]. 发展研究，2008（8）.

　　[23] 张根文 . 我国环保产业发展存在的问题与对策研究 [J]. 黑龙江科技

信息，2008（25）.

［24］李湘凌，周元祥，崔康平．我国环保产业的现状、存在问题及发展对策思考［J］.合肥工业大学学报（社会科学版），2002（4）.

［25］程海云，姜书华．我国环保产业的内涵与发展对策［J］.黑龙江科技信息，2008（9）.

［26］张建，张鹏．沈阳市利用国家开发银行贷款推动环保产业发展浅析［J］.环境保护科学，2008（2）.

［27］何禹霆，闵雪．沈阳经济区产业布局存在的问题及对策［J］.当代经济，2015（13）.

［28］王文军．陕西省环保产业发展现状分析与对策研究［D］.西安：西北大学，2004.

［29］曹蕾．区域生态文明建设评价指标体系及建模研究［D］.上海：华东师范大学，2014.

［30］李光日，马宏生，咸基广，等．浅议我国环保产业发展现状、存在问题及措施［J］.中国新技术新产品，2015（19）.

［31］庆易微．浅谈现行环境政策对环保产业的影响［J］.青海师范大学学报（自然科学版），2008（2）.

［32］徐婷浙，刘春香，朱丽媛．宁波节能环保产业发展现状分析与提升策略［J］.中外企业家，2015（1）.

［33］王珺红，杨文杰．论环保投融资与环保产业发展［J］.经济论坛，2018（10）.

［34］乔寿锁．论当前我国环保产业发展中的主要问题与对策［J］.中国环保产业，2018（3）.

［35］李晓岩．辽宁省环保产业发展现状及对策研究［J］.环境保护与循环经济，2008（8）.

［36］江果.京津冀节能环保产业链构建研究［D］.石家庄：河北经贸大学，2015.

［37］倪梓桐.加快制度创新 促进环保产业发展［J］.环境保护，2008（17）.

［38］石宝峰，迟国泰．基于信息含量最大的绿色产业评价指标筛选模型及应用［J］．系统工程理论与实践，2014（7）．

［39］李宝娟，王政，王妍，等．基于调查统计的环保产业发展现状、问题及对策分析［J］．环境保护，2015（5）．

［40］原毅军，耿殿贺．环境政策传导机制与中国环保产业发展——基于政府、排污企业与环保企业的博弈研究［J］．中国工业经济，2010（10）．

［41］许华夏．环保企业龙头股对上证指数影响力度的研究［D］．长沙：中南林业科技大学，2011．

［42］张艳清．环保产业链整合和政府导向作用研究［J］．技术经济与管理研究，2013（4）．

［43］司建楠．环保产业将成新的经济增长点［J］．机械制造，2009（1）．

［44］程亮，宋玲玲，孙宁，等．环保产业绩效评价指标体系构建初探［J］．中国环保产业，2015（5）．

［45］王永超，穆怀中，陈洋．环保产业分阶效应及发展趋势研究［J］．中国软科学，2017（3）．

［46］余敦涌．环保产业发展指数测算与企业效率分析［D］．天津：天津工业大学，2017．

［47］王艳华，傅泽强，谢园园，等．环保产业发展现状、趋势与对策研究［J］．环境工程技术学报，2017（5）．

［48］赵云皓，孙宁，逯元堂，等．环保产业发展规划技术与方法研究［J］．环境科学与管理，2015（1）．

［49］李淑梅．环保产业发展的投融资渠道［J］．社会科学家，2008（9）．

［50］任赟．环保产业对经济发展的作用［J］．现代商业，2008（36）．

［51］芮元鹏，杜雯翠，江河．环保产业的基本态势和发展对策分析［J］．环境保护，2017（2）．

［52］董战峰，周全，吴琼．环保产业："十三五"国民经济新的支柱产业［J］．中国战略新兴产业，2016（1）．

［53］曲永军 . 后发地区战略性新兴产业成长动力机制研究［D］. 长春：吉林大学，2014.

［54］温美旺，杨春鹏 . 国外环保产业融资机制对我国的启示［J］. 当代经济，2009（1）.

［55］王金南，逯元堂，吴舜泽，等 . 国家"十二五"环保产业预测及政策分析［J］. 中国环保产业，2010（6）.

［56］邢东宁，吴宏伟 . 关于沈阳市发展环保产业的对策思考［J］. 建筑与预算，2000（3）.

［57］李学良 . 高技术产业发展评价指标体系研究［D］. 沈阳：沈阳药科大学，2001.

［58］陈俊华 . 福建农业产业化龙头企业经营效率增长机理研究［D］. 福州：福建农林大学，2012.

［59］王心芳 . 发展环保产业为生态文明建设贡献力量［J］. 中国环保产业，2008（1）.

［60］曾捷 . 大数据产业对未来贵州经济社会发展的影响［J］. 中国商贸，2015（16）.

［61］张戈，张雪 . 大连市环保产业竞争力评价与分析［J］. 环境保护与循环经济，2008（5）.

［62］邱建萍 . 大力扶持节能环保产业［J］. 东北之窗（上半月），2009（1）.

［63］武普照，刘萍 . 促进环保产业发展的政策选择［J］. 山东财政学院学报，2008（2）.

［64］王晓玲 . 促进环保产业发展的税收对策探析［J］. 环境保护与循环经济，2008（2）.

［65］柳晓玲，张晓芬 . 产业集群生态化发展模式探索——以辽宁沈阳为例［J］. 辽宁工业大学学报（社会科学版），2015（1）.

［66］胡树华，李增辉，牟仁艳，等 . 产业"三力"评价模型与应用［J］. 中国软科学，2012（5）.

［67］任磊，王晖.北方中小城市环保产业发展策略研究［J］.中国高新技术企业，2008（2）.

［68］龙林，陈红枫，李晓晖，等.安徽省环保产业综合评价研究［J］.合肥工业大学学报（自然科学版），2011（6）.